中等职业教育规划教材

基础化学练习册

第二版

姓名________________

学校________________

班级________________

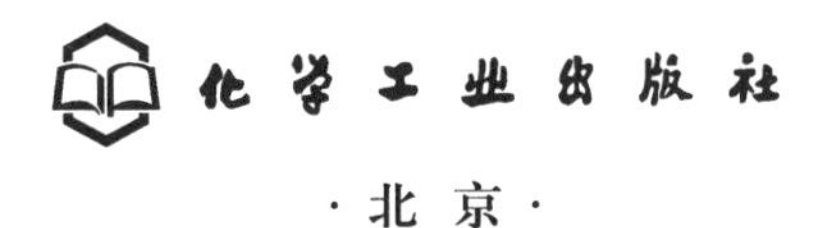

·北京·

目　　录

第一章　基础化学中常见的量及单位

第一节　基础化学中的常见量

填空题

1. 国际单位制中的七个基本量及单位分别是________________、________________、________________、________________、________________、________________和________________。

2. 5kg=________g=________mg。

   $1m^3$=________dm^3=________L=________mL。

3. 标准状况是指温度为________K 和压力为________kPa 时的状态。

4. 使用摩尔质量这个量时，必须指明物质的__________。

5. 物质的量浓度是指____________________________________，单位为__________。

第二节　物质的量

一、选择题

1. 下列关于摩尔的叙述，错误的是（　　）。

   （A）摩尔是物质的量的单位

   （B）摩尔简称为摩

   （C）摩尔是国际单位制的一个基本物理量

   （D）摩尔是国际单位制的基本单位之一

2. 下列叙述正确的是（　　）。

   （A）5mol 氯　　（B）0.2mol 氧

   （C）3mol 氧气　　（D）0.5mol 氯原子

3. 等质量的下列金属中，含原子数最多的是（　　）。

   （A）Fe　　（B）Cu　　（C）Al　　（D）Mg

4. 下列物质中质量最大的是（　　）。

   （A）64g 二氧化硫　　（B）3.01×10^{23}个氮分子

   （C）0.75mol 硫酸分子　　（D）4g 氢氧化钠

5. 0.8g 某物质含有 3.01×10^{22}个分子，该物质的相对分子质量约为（　　）。

(A) 8　　(B) 16　　(C) 64　　(D) 160

6. 下列各组物质含氢原子数目相等的是（　　）。

(A) 1g 氢气和 1g 水

(B) 1mol 氯化氢和 1g 氢气

(C) 98g 硫酸和 1mol 水

(D) 1mol 水和 18g 氯化氢

7. 一定量的锌和铝分别与足量盐酸反应，生成氢气的分子数比为 2∶1，锌和铝的物质的量之比是（　　）。

(A) 2∶1　　(B) 1∶2　　(C) 3∶1　　(D) 1∶3

二、判断题（下列说法正确的在题后括号内画“√”，错误的画“×”）

1. 硫酸的摩尔质量是 98。（　　）

2. 摩尔是表示物质的质量的单位。（　　）

3. 1 摩尔 H_2O 中含有 1 摩尔氢分子和 1 摩尔氧原子。（　　）

4. 阿佛加德罗常数的精确值为 6.02×10^{23}。（　　）

5. 物质的量相等的几种物质，其质量之比等于摩尔质量之比。（　　）

三、填空题

1. 摩尔是表示________的单位，每摩尔物质含有__________个微粒。

2. 1.5mol H_2O 中含有______ mol H 原子，含有______ mol O 原子，含有______ mol H_2O 分子，其质量是__________ g。

3. 49g H_2SO_4 中所含 O 原子的物质的量是______ mol。

4. 4g NaOH 完全电离可以产生______ mol OH^-，中和这些 OH^- 需要______ mol H^+，______ g 硫酸完全电离可以产生这些 H^+。

5. 1mol $KClO_3$ 在 MnO_2 催化剂存在下完全分解，能生成______ mol O_2 和______ KCl。生成的氧气的质量是______ g。

6. 与 32g SO_2 所含分子数相同的 SO_3 质量是______ g。

7. 2.3g RO_2 中含有 0.1mol 氧原子，则 RO_2 的相对分子质量是______。

四、计算题

1. 22g CO_2 与多少克 H_2O 含有相同的分子数?

2. 实验室里加热二氧化锰和氯酸钾的混合物制取氧气，如要制得 0.9mol 的氧气，需要氯酸钾的物质的量是多少？这些氯酸钾的质量是多少？

第三节　气体摩尔体积

一、填空题

1. 经过许多实验发现和证实，1mol 的任何气体在标准状况下所占的体积都约是____ L。

2. 在一定的温度和压强下，气体体积的大小只随________而变化，相同的体积含有相同的______。

3. 标准状况下，______ L CH_4 的质量是 24g，其中含分子______个，含原子______个。

4. 标准状况下，1L 氮气的质量是 1.25g，则该条件下氮气的密度为______。

5. 在标准状况下，2.8LX 气体的质量是 5.25g，则 X 的相对分子质量是______。

二、选择题

1. 下列说法正确的是（　　）。

(A) 1mol 任何物质的体积都相同

(B) 1mol 任何气体的体积都约为 22.4L

(C) 体积相同的气体的物质的量一定相同

(D) 前三种说法都是错误的

2. 同温同压下，相同体积的任何气体（　　）。

(A) 含有相同的原子数

(B) 含有相同的分子数

(C) 具有相同的物质的量

(D) 具有相同的质量

3. 同温同压下，体积相同的下列气体中质量最大的是（　　）。

(A) O_2　(B) N_2　(C) CO_2　(D) C_3H_6

4. 下列各组物质中，分子数相等的是（　　）。

(A) 1g H_2 和 8g O_2

(B) 18g H_2O、22.4L CO_2（标态）和 1mol H_2O

(C) 1mol O_2 和 22.4L N_2

(D) 32g O_2 和 32g H_2

5. 下列叙述错误的是（　　）。

(A) 6.02×10^{23}个氧分子的集合就是1mol氧气

(B) 6.02×10^{23}个氧分子的质量就是1mol氧气的质量

(C) 6.02×10^{23}个氧分子的质量是32g

(D) 6.02×10^{23}个氧分子所占的体积约为22.4L

6. 根据理想气体状态方程式计算一定质量气体的体积时，若 p 的单位为Pa，R 取8.314J/(K·mol)时，则 V 的单位是（　　）。

(A) L　　(B) m^3　　(C) dm^3　　(D) mL

三、判断题（下列说法正确的在题后括号内画"√"，错误的画"×"）

1. 1mol任何气体的体积都是22.4L。（　　）

2. 标准状况下44g CO_2 含有 6.02×10^{23}个 CO_2 分子。（　　）

3. 1mol H_2S气体和1mol H_2O在标准状况下的体积都是22.4L。（　　）

4. 同温同压下，气体的体积比等于其质量比。（　　）

5. 1mol CO和1mol N_2，它们的分子数相等，质量也相等，所以它们所占的体积也相等。（　　）

四、计算题

1. 1.35g含有杂质的锌与足量稀硫酸完全反应后（杂质不反应），在标准状况下得到0.448L氢气。求这种锌中杂质的质量分数。

2. 实验室中，使0.1mol氯酸钾完全分解，在标准状况下可得到多少升氧气？

3. 将某气体从 25℃加热到 100℃，如果体积不变，根据查理定律计算压力将增大几倍？

4. 在温度为 300K 和压力为 2.53×10^{5} Pa 时，32g CO_2 所占的体积是多少？

第二章　化学反应速率和化学平衡

第一节　化学反应速率

一、填空题

1. 化学反应速率常用__________反应物浓度的________或生成物浓度的________来表示。

2. 影响化学反应速率的因素有________、________、________和________。

3. 在密闭容器中进行如下反应

$$N_2 + 3H_2 \rightleftharpoons 2NH_3$$

当用氮气的浓度变化表示该反应的速率时，若 V_{N_2} 为 0.1mol/(L·s)，如用 NH_3 的浓度变化表示该反应的速率，则 $V_{NH_3}=$________。

4. 如果参加反应的物质是固体、液体或溶液时，可以认为________的改变不影响化学反应的速率。

二、选择题

1. 浓度的单位用 mol/L，时间的单位用 s 表示时，反应速率的单位是（　　）。

(A) mol/L·s　　(B) mol/(L·h)　　(C) mol/L·min　　(D) mol/(L·s)

2. 在密闭的容器中发生反应 $2SO_2 + O_2 \rightleftharpoons 2SO_3$。现控制下列三种不同的条件

(A) 在 400℃时，10mol SO_2 和 5mol O_2 反应

(B) 在 400℃时，20mol SO_2 和 5mol O_2 反应

(C) 在 300℃时，10mol SO_2 和 5mol O_2 反应

当反应刚开始时，正反应速率最快的是（　　）；正反应速率最慢的是（　　）。

3. 已知　$4NH_3 + 5O_2 = 4NO + 6H_2O$，若反应速率分别用 V_{NH_3}、V_{O_2}、V_{NO}、V_{H_2O}（mol/L·s）表示，则正确的关系是（　　）。

(A) $V_{O_2}=\frac{4}{5}V_{NH_3}$　　(B) $V_{H_2O}=\frac{5}{6}V_{O_2}$

(C) $V_{H_2O}=\frac{2}{3}V_{NH_3}$　　(D) $V_{NO}=\frac{4}{5}V_{O_2}$

三、判断题（下列叙述正确的在题后括号内画“√”，错误的画“×”）

1. 对于一个有气体参加的化学反应，影响反应速率的主要因素是压力。（　　）

2. 任何条件下，催化剂都能大大加快化学反应的速率。（　　）

3. 一定条件下，一个化学反应的速率可以有几种不同的表示方法。（　　）

4. 当其他条件不变时，温度每升高10℃，反应速率通常增大到原来的10倍。（　　）

四、计算题

1. 在10L的容器中进行如下反应

$$A(气)+2B(气)=\!=\!=2C(气)$$

2min后，2mol B减少到1.2mol，请分别用A、B、C的浓度变化来表示以上反应的平均速率，并比较A、B、C的速率数值与方程式中各化学式前的系数有什么关系。

2. 对于反应 $2N_2O_5 =\!=\!= 4NO_2 + O_2$，$N_2O_5$ 的起始浓度为2.1mol/L，经过100s后，N_2O_5 的浓度变为1.95mol/L，计算这一反应的 $V_{N_2O_5}$ 和 V_{NO_2}。

第二节　化学平衡

一、填空题

1. 可逆反应是指在________条件下，既能向正反应方向进行，同时又能向逆反应方向进行的化学反应。绝大多数的反应都是________反应。

2. 化学平衡是一种________平衡。当达到化学平衡状态时，正反应速率和逆反应速率______，反应物和生成物的浓度都不再随时间的增加而______。

3. 化学平衡常数既可以用______表示，也可以用______表示，同一个化学反应中，二者的关系是____________。

4. 某温度下，在密闭容器中发生反应　$2SO_2 + O_2 \rightleftharpoons 2SO_3 + Q$，当反应达到平衡时：

（1）将混合气体体积减少一半，平衡将向________方向移动。

（2）在混合气体中加入2mol SO_2，平衡将会向________方向移动。

（3）升高温度，平衡将会向________方向移动。

（4）减小整个系统压力，平衡向________方向移动。

5. 催化剂既能________正反应的速率，又能________逆反应的速率，所以催化剂________使化学平衡发生移动，________改变化学平衡常数，只是缩短____________所需的时间。

二、选择题

1. 在一定条件下，反应 $N_2+3H_2 \rightleftharpoons 2NH_3$ 达到平衡状态的标志是（　　）。

(A) 反应物和产物的质量分数相等

(B) 氨的生成速率和分解速率相等

(C) 整个体积等于最初体积的一半

(D) 反应停止

2. 催化剂对化学反应的影响是（　　）。

(A) 能加快正反应的速率

(B) 能使不发生化学反应的物质互相反应

(C) 既能加快正反应速率，又能加快逆反应速率

(D) 使化学反应平衡常数增大，提高反应物的转化率

3. 在高温下，反应 $2HBr$(气)$\rightleftharpoons H_2+Br_2$(气)$-Q$ 达到平衡时，要使混合气体颜色加深，可采用的方法是（　　）。

(A) 增大 H_2 的浓度　　(B) 减小压强

(C) 缩小体积　　(D) 升高温度

4. 可逆反应　A(气)+B $\rightleftharpoons$ C(气)+D 达到平衡时，下列叙述中正确的是（　　）。

(A) 若增大压强，平衡不移动，则 B、D 都是气体

(B) 若升高温度，C 的质量分数降低，则逆反应一定是吸热反应

(C) 若增加 A 的浓度，平衡体系颜色加深，则 D 是有色气体

(D) 若减小 C 的浓度，正反应速率加快，则平衡向右移动

5. 在可逆反应 Fe_3O_4(固)$+4H_2$(气)$\rightleftharpoons 3Fe$(固)$+4H_2O$(气)中，Δn 等于（　　）。

(A) -2　　(B) -3　　(C) 2　　(D) 0

6. 对于 K_c 和 K_p 的下列说法不正确的是（　　）。

(A) 与温度有关　　(B) 与浓度或压力无关

(C) 与化学方程式的写法有关　　(D) 与化学方程式的写法无关

7. 下列反应达到平衡时，增加压强或升高温度，平衡都向正反应方向移动的是（　　）。

(A) N_2(气)$+3H_2$(气)$\rightleftharpoons 2NH_3$(气)$+Q$

(B) CO(气)$+H_2O$(气)$\rightleftharpoons CO_2$(气)$+H_2$(气)$+Q$

(C) N_2(气)$+O_2$(气)$\rightleftharpoons 2NO$(气)$-Q$

(D) CaO(固)$+CO_2$(气)$\rightleftharpoons CaCO_3$(固)$-Q$

8. 合成氨工业上 CO 的变换反应是

$$CO+H_2O(气) \rightleftharpoons CO_2+H_2$$

为提高 CO 转化率常采取的措施是（　　）。

(A) 加入过量的 CO　　(B) 加入过量的水蒸气

(C) 减少水蒸气的量　　(D) 增大压力

9. 可逆反应　$CaCO_3$(固)$\rightleftharpoons CaO$(固)$+CO_2$(气)　达到平衡时，下列式子不正确的是（　　）。

(A) $\Delta n=1$　　(B) $K_c=\frac{[CaO][CO_2]}{[CaCO_3]}$

(C) $K_p=P_{CO_2}$　　(D) $K_c=K_pRT$

10. 一定温度下，密闭容器中加入 CO 和 H_2O（气）各 1mol，当反应 $CO+H_2O$（气）$\rightleftharpoons CO_2+H_2$ 达到平衡时，生成 0.5mol CO_2。若其他条件不变，再充入 8mol H_2O（气），重新达到平衡时，CO_2 是（　　）。

(A) 0.5mol　　(B) 0.93mol　　(C) 1mol　　(D) 1.5mol

三、判断题（下列叙述正确的在题后括号内画“√”，错误的画“×”）

1. 化学平衡研究的对象是可逆反应。（　　）

2. 化学平衡常数 K_c 和 K_p 都只与反应的温度有关。（　　）

3. 在溴水中存在如下平衡状态　$Br_2+H_2O \rightleftharpoons HBrO+HBr$，若在溴水中滴加 $AgNO_3$溶液，溴水的颜色将变深。（　　）

4. 可逆反应 $2NO_2$(气)$\rightleftharpoons N_2O_4$(气)在一定条件下处于平衡状态。当压力改变时，首先看到混合气体的颜色变浅，接着又逐渐变深，说明平衡不移动。（　　）

5. 在一定条件下，任何可逆反应达到平衡时，平衡浓度一定是该条件下反应物转化为生成物的最高浓度。（　　）

6. 使用催化剂后，反应速率和平衡转化率能同时增大。（　　）

7. 在一密闭容器中，可逆反应 $2HI \rightleftharpoons I_2$（气）$-Q$，在 673K 时达到平衡，升高温度，平衡向右移动，但平衡常数不变。

8. 工业上往往采取加入过量的廉价原料来提高贵重原料的转化率。（　　）

四、计算题

1. 一定温度下，可逆反应 $N_2+3H_2 \rightleftharpoons 2NH_3$ 达到平衡时，测得各物质的平衡浓度为：$[N_2]=2mol/L$，$[H_2]=2mol/L$，$[NH_3]=1mol/L$，求该反应在该温度下的浓度平衡常数及 N_2、H_2 两种气体的起始浓度。

2. 在一密闭容器中进行如下反应：$CO + H_2O$（气）$\rightleftharpoons CO_2 + H_2$，$CO$ 和 H_2O 的起始浓度分别为 0.4mol/L 和 0.8mol/L，测得该反应的平衡常数 $K_c = 1.0$，求在该条件下平衡时各物质的浓度。

3. 在 4L 密闭容器中，加入 0.1mol SO_2 和 0.05mol O_2 进行如下反应：$2SO_2$（气）+ O_2（气）$\rightleftharpoons$ $2SO_3$（气），某温度时达到平衡，生成 0.06mol SO_3，求该温度下 SO_2 的转化率。

4. 在 308K 和 50kPa 下，测得可逆反应 N_2O_4（气）$\rightleftharpoons$ $2NO_2$（气）达到平衡时 N_2O_4 的平衡转化率为 40%，求各种气体的平衡分压和压力平衡常数 K_p。

第三章　溶　　液

第一节　溶液和胶体

一、填空题

1. 化学分析用水主要有三种，即__________、______________和______________。

2. 一种物质（或几种物质）的微粒________到另一种物质里形成的混合物叫________系，分散成微粒的物质叫__________，微粒分散在其中的物质叫________。

3. 溶解是指固体物质表面的粒子通过________作用均匀地分散在整个溶液中的过程，结晶是指从溶液中______________的过程。当溶解速度与结晶速度相等时，两个过程达到________。

4. 胶体的特性可以归纳为三点，即_____________、_____________和______________。

二、选择题

1. 胶体分散系里，分散质微粒的直径（　　）。

（A）大于 10^{-7}m　　（B）小于 10^{-9}m

（C）在 10^{-9}～10^{-7}m 之间　　（D）大于 10^{-9}m

2. 氢氧化铁胶粒带正电荷是因为（　　）。

（A）在电场作用下氢氧化铁微粒向阴极移动

（B）Fe^{3+} 带正电

（C）$Fe(OH)_3$ 带负电，吸引阳离子

（D）氢氧化铁胶粒吸附了阳离子

3. 烟水晶、有色玻璃是一种（　　）。

（A）纯净物　　（B）结晶水合物

（C）晶体　　（D）固溶胶

4. 用光源从侧面照射硅酸溶胶时可以观察到（　　）。

（A）硅酸沉淀　　（B）丁达尔现象

（C）布朗运动　　（D）电泳

三、判断题（下列说法正确的在题后括号内画“√”，错误的画“×”）

1. 溶解平衡也是一种动态平衡。（　　）

2. 豆腐是胶体凝聚后产生的沉淀。（　　）

3. 淀粉溶液和蛋白质溶液都属于胶体分散系。（　　）

4. 用加热的方法可以使 $Fe(OH)_3$ 胶体沉淀。(   )

第二节　溶液的浓度

一、填空题

1. 表示溶液浓度常用的方法有________、________、________和________。

2. 质量浓度是指________。用 200g 固体 KOH 加水配成 1L 溶液，则所得溶液的质量浓度为________。

3. 把 50g 质量分数为 98%的 H_2SO_4 稀释成质量分数为 20%的 H_2SO_4 溶液，需加水________ g。

4. 0.5L H_2SO_4 溶液中含有 3mol H_2SO_4，溶质的质量是________，溶液的物质的量浓度是________。

5. 在 1L 浓度为 1mol/L 的 Na_2SO_4 溶液中，含有______ mol Na^+，________个 Na^+，________ mol SO_4^{2-}，Na^+ 的物质的量浓度为________，SO_4^{2-} 的物质的量浓度为________。

6. 称取 20g $CaCO_3$ 与盐酸反应制取 CO_2。

(1) 若使用 2mol/L 盐酸与该 $CaCO_3$ 完全反应，则盐酸不能少于________ mL。

(2) 若该 $CaCO_3$ 与 400mL 某浓度的盐酸完全反应，则盐酸的物质的量浓度最低不小于________。

二、选择题

1. 在 100mL 0.1mol/L 的 NaOH 溶液中，含 NaOH 的质量是(   )。

(A) 4g　　(B) 0.4g　　(C) 0.04g　　(D) 40g

2. 200mL 0.3mol/L 的硫酸和 100mL 0.6mol/L 的硫酸混合所得溶液（假设混合后溶液总体积等于二者之和）的物质的量浓度是(   )。

(A) 0.45mol/L　　(B) 0.6mol/L

(C) 0.4mol/L　　(D) 0.3mol/L

3. 用 1mol/L 的 $AgNO_3$ 溶液 VmL 分别与下述溶液恰好完全作用，则这些溶液中物质的量浓度最大的是(   )。

(A) 100mL KCl 溶液　　(B) 80mL $MgCl_2$ 溶液

(C) 100mL $FeCl_2$ 溶液　　(D) 50mL $AlCl_3$ 溶液

4. 将 0.1mol/L Na_2SO_4 溶液 55mL 与 0.15mol/L 的 $BaCl_2$ 溶液 45mL 混合，混合溶液中离子的物质的量浓度最大的是(   )。

(A) Na^+　　(B) SO_4^{2-}　　(C) Ba^{2+}　　(D) Cl^-

5. 使相同体积的硫酸溶液和硫酸铝溶液中的 SO_4^{2-} 完全沉淀，用去相同体积的 2mol/L 的硝酸钡溶液。由此推知硫酸溶液和硫酸铝溶液的物质的量浓度之比为(   )。

(A) 1∶1　　(B) 1∶3　　(C) 3∶1　　(D) 2∶3

三、判断题（下列叙述正确的在题后括号内画“√”，错误的画“×”）

1. 物质的量相等的几种溶液，其物质的量浓度也相等。(   )

2. 一瓶 0.5mol/L 的硫酸钠溶液中含有 6.02×10^{23} 个 Na^+。(　　)

3. 同种溶液中溶质的物质的量与其溶液的体积成正比。(　　)

4. 相同条件下，同种溶液的质量分数与体积分数相等。(　　)

5. 10g 98%的浓硫酸(密度为 $1.84g/cm^3$)与 10mL 18.4mol/L 的硫酸浓度是相同的。(　　)

四、计算题

1. 500mL NaOH 溶液中含有 NaOH 20g，求该溶液的物质的量浓度。

2. 中和盐酸 25mL，用去 NaOH 4g，求盐酸的物质的量浓度是多少？

3. 用 1 体积水吸收 212 体积（标准状况）氯化氢，所得盐酸的密度是 $1.15g/cm^3$，计算盐酸溶液的质量分数和物质的量浓度。

4. 现有 1mol/L 的盐酸 100mL

(1) 需要取 37%的盐酸（密度 $1.19g/cm^3$）多少毫升才能配成此溶液。

(2) 若从中取出 25mL，它的 Cl^- 的物质的量浓度是多少？含 Cl^- 多少克？

（3）若将它稀释成1L，这时含HCl多少摩尔？质量是多少克？

（4）若与100mL 2mol/L盐酸混合（假设混合后体积为两者之和）所得盐酸的物质的量浓度是多少？

第三节　一般溶液的配制

一、填空题

1. 配制0.1mol/L的盐酸溶液200mL，需要6mol/L的盐酸________mL。

2. 将200g/L的NaOH溶液稀释成50g/L，需加蒸馏水________g。

3. 用0.5mol/L的盐酸溶液配制成体积分数为1/3的盐酸溶液：用量筒量取该盐酸溶液______体积，加水稀释成______体积即可。

4. 配制500mL 1mol/L的NaCl溶液，需要NaCl的质量是________g。

5. 在1L NaCl溶液中，含有NaCl 58.5g，该溶液的物质的量浓度是__________。量取该溶液5mL，它的物质的量浓度是________，在取出的5mL溶液中，加水5mL，稀释后溶液的物质的量浓度是________。

6. 现用密度为1.84g/cm^3，浓度为98%的浓硫酸配制0.1mol/L的硫酸溶液500mL，在下列空格中填写有关步骤和操作方法。

（1）经计算需要98%的硫酸________mL。

（2）稀释时用________量取浓硫酸________mL，沿________注入事先已经加入适量________的______中，边倒边________，目的使溶液混合均匀并________。

（3）把稀释后已经冷却的稀硫酸沿玻璃棒注入容积为________mL的______中振荡，使混合均匀，再继续加入蒸馏水，直到液面接近刻度________cm处，改用________加蒸馏水，使溶液________恰好和刻度线________。

二、选择题

1. 配制250mL 0.1mol/L的盐酸时，所用的容量瓶是（　　）。

（A）500mL　　（B）100mL

（C）250mL　　（D）1000mL

2. 在实验室里称量固体苛性钠配制一定物质的量浓度的溶液时，导致所配溶液的实际浓度偏高的错误操作是（　　）。

(A) 称量苛性钠时，托盘天平的指针偏向左边
(B) 先称量干燥而洁净的空烧杯质量时，天平的指针偏向右边
(C) 称量过程中苛性钠表面吸水潮解了
(D) 未将洗涤烧杯的洗涤液注入容量瓶

第四节 电解质溶液

一、填空题

1. 在水溶液中或熔融状态下能________的电解质称为强电解质，在水溶液中仅能________的电解质称为弱电解质。

2. 一定温度下，某一元弱酸溶液中溶质分子与离子的物质的量之比为4.5∶1，该弱酸的电离度为________；若它的另一溶液中，未电离分子数与已电离分子数之比为24∶1，其电离度为________。

3. 相同体积、相同物质的量浓度的盐酸和醋酸分别与足量的纯碱反应，现象是________，但反应速率________较快，因为______________；反应放出的气体体积________，因为____。

4. 电离常数只受________影响，与________无关。

5. 用“>”、“=”、“<”符号比较下列溶液有关方面的大小。

(1) 0.1mol/L 盐酸中 $[H^+]$ ________ 0.1mol/L 硫酸中 $[H^+]$。

(2) 0.1mol/L $NH_3 \cdot H_2O$ 中 $[NH_4^+]$ ________ 0.1mol/L NH_4Cl 中 $[NH_4^+]$。

(3) 1L 0.1mol/L CH_3COOH ($\alpha=1.34\%$) 中含 H^+ ________ 1L 0.01mol/L CH_3COOH ($\alpha=4.17\%$) 中所含 H^+ 数。

(4) 0.1mol/L Na_2SO_4 中 $[Na^+]$ ________ 0.1mol/L Na_2CO_3 中 $[Na^+]$。

二、选择题

1. 下列物质中属于弱电解质的是（　　）。

(A) HI　　(B) I_2　　(C) KF　　(D) HF

2. 下列电离方程式正确的是（　　）。

(A) $H_2S \rightleftharpoons 2H^+ + S^{2-}$　　(B) $NaHCO_3 \rightleftharpoons Na^+ + H^+ + CO_3^{2-}$

(C) $H_2CO_3 \rightleftharpoons H^+ + HCO_3^-$　　(D) $HClO \rightleftharpoons H^+ + ClO^-$

3. 关于强、弱电解质的导电性的正确说法是（　　）。

(A) 只由浓度决定
(B) 没有本质区别
(C) 强电解质溶液导电能力强，弱电解溶液导电能力弱
(D) 导电性强的溶液里自由移动的离子数目一定比导电性弱的溶液里自由移动的离子数目多

4. 下列关于电离度的说法正确的是（　　）。

(A) 电离度的大小决定溶液导电能力的强弱
(B) 电解质的电离度只受溶液浓度和温度影响
(C) 电离度较大的溶液中，离子浓度也较大

(D) 相同条件下，电离度的大小可表示弱酸的相对强弱

三、判断题（下列叙述正确的在题后括号内画“√”，错误的画“×”）

1. 醋酸越稀电离度越大，酸性越强。(　　)

2. 碳酸钙不溶于水，所以不是电解质。(　　)

3. 电解质在水溶液里或熔化时电离是自发进行的。(　　)

4. 氨水的电离方程式可表示为：$NH_3 \cdot H_2O \rightleftharpoons NH_4^+ + OH^-$ (　　)

5. 电离平衡常数与电离度无关。(　　)

四、计算题

1. 在500mL醋酸溶液中，溶有醋酸3.00g，其中有醋酸根离子3.92×10^{-2}g，求此溶液中醋酸的电离度。

2. 已知某温度时0.1mol/L醋酸的电离度是1.34%，求醋酸的电离常数。

3. 某温度时氨水的电离常数为1.8×10^{-5}，在这个条件下氨水的电离度为2%，求此溶液的物质的量浓度和$[OH^-]$。

第五节　离子反应方程式

一、填空题

1. 用离子方程式表示下列反应

(1) 盐酸与硝酸银溶液反应

(2) 硫酸与硝酸钡溶液反应

(3) 锌与氯化铜溶液反应

(4) 碳酸钙与盐酸反应

（5）氢氧化钠与氯化铁反应

2. 有一固体混合物，可能由 Na_2CO_3、Na_2SO_4、$CuSO_4$、$CaCl_2$、NaCl 等物质组成。为鉴别它们，做了如下实验：

（1）将固体混合物溶于水，搅拌后，得到无色透明溶液；

（2）在此溶液中滴加氯化钡溶液，有白色沉淀产生；

（3）过滤，然后在白色沉淀中加入足量稀硝酸，沉淀最后全部消失。

试判断：固体混合物中肯定有________，肯定没有________，可能有________。如果要进一步确定可能有的物质是否存在，可采用在滤液中滴加__________溶液的方法来检验。

3. 用一种试剂鉴别 K_2S、KOH、KNO_3、$BaCl_2$ 四种无色溶液，这种试剂是__________。离子方程式分别为：

（1）

（2）

（3）

二、选择题

1. 用离子方程式 $Zn^{2+}+S^{2-} = ZnS\downarrow$ 可以表示的化学反应是（　　）。

（A）$ZnCO_3+K_2S$　　（B）$Zn(NO_3)_2+Na_2S$

（C）$Zn(OH)_2+H_2S$　　（D）$ZnSO_4+H_2S$

2. 能在溶液中大量共存的是（　　）。

（A）Na^+、CO_3^{2-}、Cl^-、SO_4^{2-}

（B）Pb^{2+}、H^+、Cl^-、SO_4^{2-}

（C）Ba^{2+}、NO_3^-、OH^-、Mg^{2+}

（D）Mg^{2+}、SO_4^{2-}、Cl^-、K^+

3. 下列离子方程式正确的是（　　）。

（A）向 H_2S 溶液里通氯气：$S^{2-}+Cl_2 = 2Cl^-+S\downarrow$

（B）盐酸与氨水：$H^++OH^- = H_2O$

（C）硫化氢气体使润湿的醋酸铅试纸变黑：$Pb^{2+}+H_2S = PbS\downarrow+2H^+$

（D）氯化亚铁溶液中通氯气：$2Fe^{2+}+3Cl_2 = 2Fe^{3+}+6Cl^-$

三、鉴别题

现有氯化钠、碳酸钠、硫酸钠、稀盐酸和稀硫酸五种无色溶液，都没有标签。试用化学方法把它们检验出来，并写出反应的化学方程式和离子方程式。

第六节　水的电离和溶液的 pH 值

一、填空题

1. 纯水是一种极弱的电解质，它能微弱地电离生成________和________，电离出的各离子浓度分别是________和________；在一定温度下，离子浓度的乘积为________，叫做________，在 25℃时其数值为________。

2. 现有（1）0.1mol/L 的盐酸；（2）0.1mol/L 的硫酸；（3）0.1mol/L 的氢氧化钠；（4）0.1mol/L 的醋酸；（5）0.1mol/L 的氯化钠五种溶液。这五种溶液中 $[H^+]$ 由小到大的排列顺序为________________________。

3. 60℃时，$K_w=1\times10^{-13}$，60℃时纯水的 pH=________，显______性。

4. pH=2 的盐酸稀释 1000 倍后，pH=______，若再稀释 1000 倍，pH=______。

5. 测得某硫酸溶液的 pH=2.3，则溶液中的 $[H^+]$=________，硫酸溶液的物质的量浓度为________。

二、选择题

1. 醋酸溶液中，加入下列物质后，能使醋酸的电离度和溶液的 pH 值都减小的是(　　)。

(A) H_2O　　(B) CH_3COONa　　(C) NaOH　　(D) HCl

2. 体积相同，pH 值相同的盐酸和醋酸，与碱中和时消耗碱的量（　　）。

(A) 相同　　(B) 盐酸多

(C) 醋酸多　　(D) 无法比较

3. 甲溶液的 pH 值为 4，乙溶液的 pH 值为 2，则甲溶液中的 $[OH^-]$ 是乙溶液中 $[OH^-]$ 的(　　)。

(A) 100 倍　　(B) 2 倍　　(C) $\frac{1}{100}$　　(D) $\frac{1}{2}$

4. 将 pH=3 的盐酸和 pH=5 的盐酸等体积混合，混合后溶液的 pH 值为（　　）。

(A) 2　　(B) 3.3　　(C) 4　　(D) 4.3

5. 对于 pH=0 的溶液，下列说法正确的是（　　）。

(A) 是纯水　　(B) $[H^+]=0$

(C) $[H^+]=1mol/L$　　(D) 不可能有这样的溶液

6. 下列叙述不正确的是（　　）。

(A) 使甲基橙变为黄色的溶液不一定是碱性

(B) 使甲基橙变红的溶液一定是酸溶液

(C) 碱溶液一定是碱性溶液，它一般都能使无色酚酞溶液变红

(D) 能使甲基橙显黄色，石蕊显红色，酚酞不显色的溶液的 pH 值范围约是 4.4～5

三、判断题（下列说法正确的在题后括号内画"√"，错误的画"×"）

1. pH=3 的 HCl 溶液稀释到 10 倍，溶液的 pH=4。(　　)

2. pH 值的取值范围只能为 1～14 之间。(　　)

3. 浓度为 1×10^{-10}mol/L 的 KOH 溶液的 pH 值略小于 7。(　　)

4. 在 $[H^+]=1\times10^{-7}$ mol/L 的溶液中滴入石蕊试液溶液显红色。(　　)

5. 纯水在 100℃时 pH=6，它显中性。(　　)

四、计算题

1. 将 pH=5 的盐酸溶液和 pH=12 的氢氧化钠溶液等体积混合，计算混合后溶液的pH 值。

2. 在 1L 溶液里含有 4g NaOH，求该溶液的 pH 值。

3. 在 298K 时，0.1mol/L 的某弱酸的电离度为 1%，计算该溶液的 pH 值。

第七节　盐类的水解

一、填空题

1. 盐类水解反应的实质是________________________，它可以看作是__________反应的逆反应。

2. 在配制 $Al_2(SO_4)_3$ 溶液时，为了防止发生水解应加入少量的__________；在配制 Na_2S 溶液时为了防止发生水解应加入少量________。

3. 强酸弱碱形成的盐，其水溶液呈____性；强碱弱酸形成的盐，其水溶液呈____性；弱酸弱碱所生成的盐，若 $K_{酸}=K_{碱}$，则溶液呈____性，若 $K_{酸}>K_{碱}$，则溶液呈____性；若 $K_{酸}<K_{碱}$，则溶液呈____性。

二、选择题

1. 下列各方程式中，属于水解反应的是(　　)。

(A) $H_2O+H_2O \rightleftharpoons H_3O^+ +OH^-$

(B) $OH^- +HCO_3^- \rightleftharpoons H_2O+CO_3^{2-}$

(C) $CO_2+H_2O \rightleftharpoons H_2CO_3$

(D) $CO_3^{2-}+H_2O \rightleftharpoons HCO_3^-+OH^-$

2. 配制 $ZnCl_2$、$FeCl_3$ 等溶液时为了防止水解，应加入（　　）。

(A) 相应酸　　(B) 相应碱

(C) 盐　　(D) 水

3. 下列说法正确的是（　　）。

(A) 正盐水溶液一定呈中性

(B) 酸式盐水溶液一定显酸性

(C) 强酸弱碱盐水溶液一定显酸性

(D) 强酸强碱盐水溶液一定显中性

4. 在 Na_2CO_3 溶液中，$[Na^+]$ 与 $[CO_3^{2-}]$ 的比值是（　　）。

(A) 1　　(B) 2　　(C) 大于 2　　(D) 小于 2

三、判断题（下列叙述正确的在题后括号内画“√”，错误的画“×”）

1. 盐溶液越稀，则水解程度越大。（　　）

2. 升高温度可以促进水解。（　　）

3. 书写盐类水解方程式必须要用“$\rightleftharpoons$”符号表示。（　　）

4. 碳酸钠之所以称纯碱，是由于它的水溶液呈碱性。（　　）

四、问答题

1. 下列几种盐，哪些能水解？能水解的写出水解反应的离子方程式。

(1) NaI　　(2) NH_4Cl　　(3) KF

2. 把下列物质的量浓度相同的溶液按 pH 值由大到小的顺序排列起来。

H_2SO_4　　KOH　　$KHCO_3$　　K_2CO_3　　NH_4Cl　　$KHSO_4$

第八节　缓冲溶液

一、填空题

1. 能够抵抗外来少量________或________，而本身的________不发生显著变化的作用称为__________。

2. 选择缓冲对时，所选择的缓冲溶液，不能与反应物或生成物______________。

二、选择题

1. 下列各组溶液中，可作缓冲溶液的是（　　）。

(A) $NH_3 \cdot H_2O$-NaCl 溶液

(B) CH_3COOH-NaCl 溶液

(C) NaH_2PO_4-Na_2HPO_4 溶液

(D) H_2CO_3-$NaHCO_3$ 溶液

2. 欲配制 pH=3 的缓冲溶液，下列哪种物质合适（　　）。

（A）HCOOH　　$K_a=1.8\times10^{-4}$

（B）HAc　　$K_a=1.76\times10^{-5}$

（C）NH_3　　$K_b=1.77\times10^{-5}$

（D）HCN　　$K_a=6.2\times10^{-10}$

三、判断题（下列叙述正确的在题后括号内画“√”，错误的画“×”）

1. 缓冲溶液只能抵御外来少量的酸或碱，当加入大量的强酸或强碱时，它就不再有缓冲能力了。（　　）

2. 弱酸及其盐，多元弱酸酸式盐及其次级盐，弱碱及其盐组成的溶液都具有缓冲作用。（　　）

四、计算题

要配制 pH 值为 5.00 的缓冲溶液，需称取多少克 NaAc 固体溶解于 300mL 0.5mol/L 的醋酸中？

第四章　沉淀反应

第一节　沉淀-溶解平衡和溶度积常数

一、填空题

1. 难溶电解质在一定温度下达到沉淀平衡时，__________速度与__________速度相等。

2. 在一定温度下，难溶电解质的饱和溶液中，____________________叫溶度积常数。

3. 对于难溶电解质 A_mB_n，溶度积的表达式为________________________。

二、判断题（下列叙述正确的在题后括号内画"√"，错误的画"×"）

1. 沉淀平衡也是一个动态平衡。（　　）

2. 温度一定时，难溶物质溶度积的大小与难溶物质的溶解性无关。（　　）

3. K_{sp}既表示难溶电解质在溶液中溶解趋势的大小，也表示生成该难溶电解质沉淀的难易程度。（　　）

三、选择题

1. 在一定温度下，当难溶电解质达到沉淀平衡时，下列说法正确的是（　　）。

（A）溶解速度和沉淀速度都等于零

（B）溶解速度等于沉淀速度

（C）固体物质的浓度等于溶液中离子的浓度

（D）固体物质的浓度不是常数

2. 下列关于溶度积常数的说法，不正确的是（　　）。

（A）溶度积常数随温度的改变而改变

（B）溶度积常数值的大小与物质的溶解性有关

（C）溶度积常数的大小与固体物质的浓度无关

（D）溶度积常数值的大小与固体物质的浓度有关

四、计算题

1. 在 298K 时，已知 $BaCO_3$ 的 $K_{sp}=5.1\times10^{-9}$，计算该温度下 $BaCO_3$ 的溶解度。

2. 在 298K 时，已知 $Mg(OH)_2$ 的溶解度为 0.0015mol/L，求 $Mg(OH)_2$ 的 K_{sp}。

第二节　溶度积规则

一、填空题

1. 在任何给定的溶液中，离子积 Q_i 可能有三种情况：当 $Q_i = K_{sp}$ 时是________溶液，达到动态平衡；当 $Q_i > K_{sp}$ 时是________溶液，________析出；当 $Q_i < K_{sp}$ 时是________溶液，________析出。

2. 溶度积规则是难溶电解质____________________规律的总结。

二、判断题（下列叙述正确的在题后括号内画“√”，错误的画“×”）

1. 只要 $Q_i > K_{sp}$，就可以观察到沉淀的生成。(　　)

2. 进行沉淀反应时，有时由于生成了过饱和溶液，所以虽然 Q_i 已经超过 K_{sp}，仍然观察不到沉淀的生成。(　　)

3. 在 1.0×10^{-3} mol/L 的 $BaCl_2$ 溶液中加入等体积的 1.0×10^{-3} mol/L 的 Na_2SO_4 溶液时将会产生沉淀。(　　)

三、计算题

1. 已知 $K_{spAg_2CrO_4} = 2.0\times10^{-12}$，计算 1.0×10^{-4} mol/L 的 K_2CrO_4 溶液与 1.0×10^{-4} mol/L 的 $AgNO_3$ 溶液等体积混合时，是否有沉淀生成？

2. 已知 $K_{spAgI} = 9.3\times10^{-17}$，计算 0.02mol/L 的 KI 溶液和 0.02mol/L 的 $AgNO_3$ 溶液等体积混合时，是否有沉淀生成？

第三节　溶度积的应用

一、填空题

1. 对同一类型的难溶电解质，在离子浓度相同时，________________首先生成沉淀。

2. 在实际生产中有时需要把一种沉淀转化为另一种沉淀，这个过程叫__________。

3. 要使沉淀溶解常用的方法有__________、__________、__________和__________。

二、判断题（下列叙述正确的在题后括号内画“√”，错误的画“╳”）

1. 对某些难溶的弱酸盐和难溶的氢氧化物，常常可以通过控制溶液的 pH 值来使其沉淀或者溶解。(　　)

2. 两种沉淀的溶度积相差越小，分步沉淀时两种沉淀分离得越完全。(　　)

三、计算题

1. 在含有 0.01mol/L 的 Cl^- 和 0.01mol/L 的 CrO_4^{2-} 的溶液中，逐滴加入 $AgNO_3$，通过计算判断哪个离子先沉淀？

2. 溶液中含有离子浓度均是 0.05mol/L 的 Fe^{2+} 和 Fe^{3+}，要求 Fe^{3+} 完全生成 $Fe(OH)_3$沉淀而不让 Fe^{2+} 生成 $Fe(OH)_2$ 沉淀，计算溶液 pH 值的范围。

第五章　氧化还原反应

第一节　氧化还原反应概述

一、填空题

1. 在化学反应中，如果反应前后元素的氧化值发生变化，一定有________转移，这类反应就属于__________反应。元素的氧化值升高，表明这种物质______电子，发生________反应，这种物质是________剂。元素的氧化值降低，表明这种物质________电子，发生________反应，这种物质是________剂。

2. 氧化剂具有________性，还原剂具有________性。

3. 按要求写出化学方程式。

（1）一种单质被一种化合物还原

（2）一种单质自身的氧化还原反应

（3）水作还原剂

（4）水作氧化剂

（5）水既不作氧化剂也不作还原剂

4. 用双线桥法表示出下列氧化还原反应中电子的得失关系。

（1）$2Fe+3Cl_2 \xlongequal{点燃} 2FeCl_3$

（2）$4HCl+MnO_2 \xlongequal{\triangle} MnCl_2+2H_2O+Cl_2\uparrow$

5. 指出下列两个反应被氧化和被还原的元素，氧化剂和还原剂，以及氧化产物和还原产物。

（1）$Fe+2HCl = FeCl_2+H_2\uparrow$

氧化剂________，还原剂________，氧化产物________，还原产物________。

（2）$MnO_2+4HCl \xlongequal{\triangle} MnCl_2+Cl_2\uparrow+2H_2O$

被氧化的元素________，氧化剂________，被还原的元素________，还原剂_______。

二、选择题

1. 下列说法中错误的是（　　）。

(A) 物质中所含元素氧化值升高的反应是氧化反应

(B) 在氧化还原反应中，得到电子的元素氧化值升高

(C) 物质中某元素得到电子的反应是还原反应

(D) 物质中某元素得到电子而被还原，则此物质是氧化剂，它在反应中表现为氧化性

2. 下列反应里，SO_2 是氧化剂的有（　　），SO_2 是还原剂的有（　　）。

(A) $SO_2 + H_2O = H_2SO_3$

(B) $S + O_2 \xlongequal{点燃} SO_2$

(C) $2SO_2 + O_2 \xlongequal[催化剂]{\triangle} 2SO_3$

(D) $SO_2 + 2H_2S = 3S\downarrow + 2H_2O$

3. 下列反应里，一种元素被氧化，两种元素被还原的有（　　）；一种单质还原一种化合物的有（　　）。

(A) $Cl_2 + H_2O = HCl + HClO$

(B) $H_2SO_4 + ZnO = ZnSO_4 + H_2O$

(C) $2CuO + C \xlongequal{高温} 2Cu + CO_2\uparrow$

(D) $HgS + O_2 \xlongequal{\triangle} Hg + SO_2$

4. 氧化还原反应的实质是（　　）

(A) 分子中的原子重新组合

(B) 氧元素的得失

(C) 电子的得失或偏移

(D) 氧化值的改变

5. 下列反应中，盐酸既表现出酸的性质，又作还原剂的是（　　）。

(A) $HCl + MnO_2 \xlongequal{\triangle} MnCl_2 + 2H_2O + Cl_2\uparrow$

(B) $2HCl + CaCO_3 = CaCl_2 + H_2O + CO_2\uparrow$

(C) $2HCl + Zn = ZnCl_2 + H_2\uparrow$

(D) $HCl + AgNO_3 = AgCl\downarrow + HNO_3$

三、判断题（下列叙述正确的在题后括号内画"√"，错误的画"×"）

1. 在氧化还原反应中，氧化剂所含元素氧化值升高，还原剂所含元素氧化值降低。（　　）

2. 有单质参加或有单质生成的化学反应一定是氧化还原反应。（　　）

3. 氯气有很强的氧化性，它在所有化学反应中只能作氧化剂。（　　）

4. Zn 比 Cu 易失去电子，所以 Zn 比 Cu 的还原性强。（　　）

5. 钠原子能失去 1 个电子，铝原子可失去 3 个电子，所以铝的还原性比钠强。（　　）

6. 在氧化还原反应中，氧化剂所得到的电子总数一定等于还原剂所失去的电子总数。（　　）

四、计算题

实验室可用高锰酸钾和浓度为 12mol/L 的浓盐酸反应制取氯气，反应的化学方程式

如下

$$2KMnO_4 + 16HCl = 2KCl + 2MnCl_2 + 8H_2O + 5Cl_2\uparrow$$

（1）标出电子转移的方向和总数。

（2）若有 250mL 浓盐酸被氧化，可制得标准状况下多少体积的氯气？

第二节　氧化还原反应方程式的配平

一、填空题

1. 配平氧化还原反应方程式最常用的两种方法是________和________。

2. 氧化值升降法配平氧化还原反应方程式的原则是________________。

3. 用氧化值升降法配平下列氧化还原反应方程式

（1）$SO_2 + H_2O + I_2 \longrightarrow HI + H_2SO_4$

（2）$Cu + HNO_3$(稀)$\longrightarrow Cu(NO_3)_2 + NO + H_2O$

（3）$FeSO_4 + H_2SO_4 + O_2 \longrightarrow Fe_2(SO_4)_3 + H_2O$

（4）$P_4 + HNO_3 + H_2O \longrightarrow H_3PO_4 + NO$

4. 用待定系数法配平下列反应式

（1）$AgNO_3 \xrightarrow{\triangle} Ag + NO_2\uparrow + O_2\uparrow$

（2）$H_2O_2 + KI \longrightarrow I_2 + KOH$

（3）$Na_2C_2O_4 + KMnO_4 + H_2SO_4 \longrightarrow CO_2 + MnSO_4 + K_2SO_4 + Na_2SO_4$

（4）$Zn + HNO_3$(稀)$\longrightarrow Zn(NO_3)_2 + NH_4NO_3 + H_2O$

二、选择题

1. 氧化还原反应 $KMnO_4 + FeSO_4 + H_2SO_4 \longrightarrow K_2SO_4 + MnSO_4 + Fe_2(SO_4)_3 + H_2O$ 配平后各物质的系数是（　　）。

（A）2、10、8、1、1、10、8

（B）2、10、3、1、2、5、3

（C）2、10、8、1、2、5、8

（D）1、5、4、1、1、5、4

2. 氧化还原反应 $Mg+HNO_3$(稀)$\longrightarrow Mg(NO_3)_2+N_2O+H_2O$ 配平后各物质的系数是(　　)。

(A) 2、6、2、1、3

(B) 2、8、2、2、4

(C) 4、10、4、1、4

(D) 4、10、4、1、5

3. 氧化还原反应 $KMnO_4+HCl \longrightarrow KCl+MnCl_2+Cl_2+H_2O$ 配平后各物质的系数是(　　)。

(A) 2、8、1、1、5、4

(B) 2、16、2、2、5、8

(C) 2、10、2、2、5、5

(D) 2、16、2、2、5、1

第三节　原　电　池

一、填空题

1. 原电池是将________能转化为________能的装置。其中电子流出的一极称____极，电子流入的一极称____极。

2. 构成原电池的条件有三个，即 (1) ____；(2) ____；(3) ____。

3. Cu-Zn 原电池的正极是____极，发生了________反应；负极是________极，发生了________反应。

4. Cu-Zn 原电池的电极反应式为：____，电池反应式为____________________，电池符号可以表示为____________________。

5. 由下列氧化还原反应各组成一个原电池，写出各原电池电极上的半反应式和相应的电对，并用符号表示各原电池。

(1) $Mg+Pb(NO_3)_2 = Pb+Mg(NO_3)_2$

(2) $Cu+2AgNO_3 = Cu(NO_3)_2+2Ag$

二、选择题

1. 如果电池的总反应式为：$Zn+Cu^{2+} = Zn^{2+}+Cu$，要制作一个原电池，则它的组成是（　　）。

	正极	负极
(A)	$Cu \mid ZnSO_4$	$Zn \mid CuSO_4$
(B)	$Cu \mid CuSO_4$	$Zn \mid ZnSO_4$

(C) Zn | $ZnSO_4$　　Cu | $CuSO_4$

(D) Zn | $CuSO_4$　　Cu | $ZnSO_4$

2. 对于原电池的电极名称，下列叙述中错误的是(　　)。

(A) 电子流入的一极为正极

(B) 比较不活泼的金属构成的一极为正极

(C) 电子流出的一极为负极

(D) 发生氧化反应的一极为正极

3. 用Cu片、Ag片、$AgNO_3$溶液组成的原电池，正极上发生的电极反应是(　　)。

(A) $2H^+ + 2e^- = H_2\uparrow$　　(B) $Ag^+ + e^- = Ag\downarrow$

(C) $Ag - e^- = Ag\downarrow$　　(D) $Cu^{2+} + 2e^- = Cu\downarrow$

4. X、Y、Z三种金属组成的合金，暴露在潮湿的空气里一段时间后，表面上只有Y的化合物出现。将X和Z的两种纯金属作电极插入稀H_2SO_4溶液中，用导线联结X、Z两金属时，发现气泡在X上出现。则三种金属的活动顺序是(　　)。

(A) X>Y>Z　　(B) Y>Z>X

(C) Z>X>Y　　(D) Y>X>Z

三、判断题(下列叙述正确的在题后括号内画"√"，错误的画"×")

1. 任何一个氧化还原反应理论上都可以组成一个原电池。(　　)

2. 在原电池的负极发生的都是氧化反应。(　　)

3. Cu-Zn原电池的氧化产物是H_2。

四、计算题

锌片、铜片连接后浸入稀硫酸中构成的原电池工作一段时间后，锌片质量减少了3.25g，问铜片表面析出氢气多少升(标准状况)?

第四节　电极电位

一、填空题

1. 用标准__________与其他各种标准状态下的电极组成原电池，测得这些电池的__________，就是各种电极的标准电极电位。

2. 在温度一定的条件下，影响电极电位的因素主要是____________________。

3. 电极电位值是反应物质__________能力强弱的一个量度。电极电位值越大，表明该电对越易________电子，是越________的________剂；反之，电极电位值越小，表明该电对越易________电子，是越________的________剂。

二、选择题

1. 已知 $Fe^{2+}+2e^- \rightleftharpoons Fe$ $\varphi^\ominus=-0.44V$

$Fe^{3+}+e^- \rightleftharpoons Fe^{2+}$ $\varphi^\ominus=+0.77V$

$Cl_2+2e^- \rightleftharpoons 2Cl^-$ $\varphi^\ominus=+1.36V$

$S+2H^++2e^- \rightleftharpoons H_2S$ $\varphi^\ominus=+0.141V$

根据以上电极反应的电极电位，氧化态物质氧化能力由强到弱的顺序是（　　）。

(A) $Cl_2>Fe^{3+}>S>Fe^{2+}$　　(B) $Cl_2>Fe^{2+}>S>Fe^{3+}$

(C) $Fe^{2+}>S>Fe^{3+}>Cl_2$　　(D) $Cl^->Fe^{2+}>S^{2-}>Fe$

2. 奈斯特方程 $\varphi=\varphi^\ominus+\frac{0.059}{n}\lg\frac{[\text{氧化态}]^a}{[\text{还原态}]^b}$ 中的 n 表示（　　）。

(A) 电极反应中电子转移数　　(B) 氧化剂的氧化值

(C) 还原剂的氧化值　　(D) 常数

3. 已知 298K 时 $\varphi^\ominus_{Zn^{2+}/Zn}=-0.7628V$，则金属锌放在 0.1mol/L Zn^{2+} 溶液中的电极电位为（　　）。

(A) 0.7924V　　(B) −0.7924V

(C) 0.7332V　　(D) −0.7332V

三、判断题（下列叙述正确的在题后括号内画"√"，错误的画"×"）

1. 氧化还原反应发生的必要条件是作为氧化剂的电对要比还原剂电对的电极电位大。（　　）

2. 电极电位值越大，表明该电对对应的氧化剂的氧化能力越强。（　　）

3. 奈斯特方程只适用于非标准状况下的电极电位的计算。（　　）

4. 溶液中 $[H^+]$ 有时会影响电极电位的数值。（　　）

四、计算与问答题

1. 根据标准电极电位，判断下列反应自发进行的方向。

(1) $2Fe^{3+}+2I^- = 2Fe^{2+}+I_2$

(2) $Cu+2AgNO_3 = Cu(NO_3)_2+2Ag$

2. 计算非金属碘在 0.01mol/L 的 KI 溶液中，298K 时的电极电位。

3. 将铜片插入盛有 0.5mol/L 的 $CuSO_4$ 溶液的烧杯中，银片插入盛有 0.5mol/L 的 $AgNO_3$ 溶液的烧杯中。

（1）写出该原电池的符号；

（2）写出电极反应式和原电池的电池反应式；

（3）求该电池的电动势。

4. 查下列电对的标准电极电位，判断哪一种物质是最强的氧化剂，哪一种是最强的还原剂？

（1）Zn^{2+}/Zn、Fe^{2+}/Fe、Ni^{2+}/Ni、Ag^{+}/Ag

（2）MnO_4^-/Mn^{2+}、MnO_4^-/MnO_2、MnO_4^-/MnO_4^{2-}

第五节 电　　解

一、填空题

1. 电解池是把______能转变为______能的装置。电解池中与电源负极相连的极叫______极，与电源正极相连的极叫______极。

2. 电镀是应用________原理，在金属或其他制品的表面上镀上一薄层__________的过程。

3. 用惰性电极电解水时，阳极发生__________反应，电极反应式是__________________，产物是________，此电极附近溶液呈______性；阴极发生________反应，电极反应式是__________________，产物是______，此电极附近溶液呈______性。

二、选择题

1. 当用铜作电极电解硫酸铜时，在阴极的产物是（　　）。

（A）Cu　（B）Cu 和 O_2　（C）O_2　（D）H_2

2. 电解下列化合物的水溶液时，在阴极不析出金属的是（　　）。

（A）$ZnSO_4$　（B）$CaCl_2$　（C）$CuSO_4$　（D）$AgNO_3$

3. 用铂作电极分别电解下列物质的水溶液，通电一段时间后，电解液的 pH 值增大了的是（　　）。

（A）H_2SO_4　（B）NaOH　（C）$AgNO_3$　（D）KCl

4. 用铂电极电解氯化铜水溶液时，发生的现象是（　　）。

（A）阳极表面有气泡，气体为无色气味，阴极表面有红色物质覆盖

（B）阳极及阴极表面都有气体

（C）阳极铂逐渐溶解，阴极表面有红色物质覆盖

（D）阴极表面有红色物质析出，阳极表面有气泡，气体有刺激性气味

三、判断题（下列叙述正确的在题后括号内画“√”，错误的画“×”）

1. 电解 Na_2SO_4 溶液和 NaCl 溶液时，它们所得到的产物是相同的。（　　）

2. 电解池两极的材料，可以相同，也可以不同。（　　）

3. 氯化铜水溶液通电后发生了电离，在阳极得到金属铜，在阴极得到氯气。（　　）

4. 电镀过程实质上就是一个电解过程。它的特点是阳极本身也参加了电极反应。（　　）

四、计算题

电解氯化铜溶液时，若阴极上有 1.6g 铜析出，则阳极上产生的气体的体积（标准状况）是多少升？

第六章　物质结构与元素周期律

第一节　原子结构

一、填空题

1. 原子是由居于原子中心的带正电的______和核外带负电的________构成的。

2. $^{A}_{Z}X$ 代表一个________为 Z、________为 A 的原子，其核内中子数为________。

3. Ca^{2+} 核外共有 18 个电子，核内有 20 个中子，其核内质子数是________，原子的质量数是________。F^{-} 的核内有 9 个质子，其原子的质量数为 19，F^{-} 的核外共有________个电子，F 原子的核内有________个中子，核外有________个电子。

4. 1mol 重水（D_2O）中含质子________个；1g 重水中含电子________个；10g 重水中，含中子________个；10 个重水分子与 10 个普通水分子的质量之比是________；物质的量之比是________，质子数之比是______；中子数之比是________。

二、选择题

1. 在 $^{35}_{17}Cl$ 中，下列正确的判断是（　　）。

(A) 有 35 个电子，18 个中子，17 个质子

(B) 有 17 个质子，17 个电子，18 个中子

(C) 有 18 个中子，35 个电子，17 个质子

(D) 有 35 个中子，17 个质子，17 个电子

2. 下列微粒互为同位素的是（　　）。

(A) $^{40}_{18}Ar$ 和 $^{40}_{19}K$　　(B) $^{40}_{20}Ca$ 和 $^{42}_{20}Ca$

(C) $^{17}_{8}O$ 和 $^{35}_{17}Cl$　　(D) $^{35}_{17}Cl$ 和 $^{35}_{17}Cl^{-}$

3. 下列各组微粒具有相同质子数和电子数的是（　　）。

(A) CH_4、NH_3、Na^{+}　　(B) OH^{-}、F^{-}、NH_3

(C) H_3O^{+}、NH_4^{+}、Na^{+}　　(D) O^{2-}、OH^{-}、NH_2^{-}

4. 关于同位素，下列说法正确的是（　　）。

(A) 质量数相等，原子序数不同，化学性质相同

(B) 质量数相等，原子序数相同，化学性质不同

(C) 质量数相同，原子序数相同，化学性质相同

(D) 质量数不同，原子序数相同，化学性质相同

5. 硼有两种同位素 $^{10}_{5}B$ 和 $^{11}_{5}B$，硼的相对原子质量是 10.8，则两者的原子个数比

为（　　）。

（A）1∶1　　（B）1∶2　　（C）1∶4　　（D）1∶5

三、判断题（下列叙述正确的在题后括号内画“√”，错误的画“×”）

1. 不同元素的原子质量数一定不同。（　　）

2. 金刚石和石墨是碳的两种同位素。（　　）

3. 原子核内含有一个质子的几种原子都属于氢元素。（　　）

4. 组成原子的微粒大多带有电荷，所以原子是带电的。（　　）

5. 同一元素的各种同位素的化学性质几乎完全相同。（　　）

四、计算题

1. 镁元素有三种天然同位素，其中$^{24}_{12}Mg$占78.70%，$^{25}_{12}Mg$占10.13%，$^{26}_{12}Mg$占11.17%，计算镁元素的近似相对原子质量。

2. $^{40}_{20}Ca$与$^{37}_{17}Cl$在一定条件下形成$CaCl_2$，问生成34.2g $CaCl_2$中有多少个中子？

第二节　原子核外电子的排布

一、填空题

1. 核外电子的运动规律与普通物体的运动规律不同。在描述核外电子运动时，只能指出______________________________。

2. 如果用n表示电子层数，则每层最多可容纳的电子数是__________。

3. 画出下列微粒结构示意图

Na^+　　　　Cl^-　　　　Ar

4. 通常情况下，核外电子总是尽先排布在能量________的电子层里，然后再由______往______，依次排布在能量____________的电子层里。

二、选择题

1. 核电荷数为1～18的元素中，下列叙述正确的是（　　）。

（A）最外层只有1个电子的元素一定是金属元素

（B）最外层只有2个电子的元素一定是金属元素

（C）原子核外各层电子数相等的元素一定是金属元素

（D）核电荷数为17的元素的原子容易获得1个电子

2. 核电荷数为11和16的A、B两种元素所形成的化合物一定是（　　）。

（A）AB型　　（B）A_2B型　　（C）AB_2型　　（D）A_2B_3型

3. 下列对氢原子的电子云图中小黑点所表示的含义的叙述，正确的是（　　）。

(A) 一个小黑点表示一个电子

(B) 小黑点多的地方说明电子数也多

(C) 小黑点多的地方表示单位体积空间内出现电子的机会多

(D) 小黑点少的地方说明电子运动速度小

4. 下列说法正确的是（　　）。

(A) 原子核外电子排满了 K 层才排 L 层，排满了 L 层才排 M 层，排满了 M 层才能排 N 层，依此类推

(B) 原子最外电子层只有一个电子的元素一定是碱金属元素

(C) 氧族元素原子核外都有 6 个电子

(D) 钫原子核外有 7 个电子层，最外层有 1 个电子

5. 某三价金属阳离子，其质量数为 70，中子数为 39，则它的电子数是（　　）。

(A) 31　　(B) 28　　(C) 34　　(D) 42

三、判断题（下列叙述正确的在题后括号内画"√"，错误的画"×"）

1. 只有最外层达到 8 个电子的结构才是稳定结构。（　　）

2. 在中子、质子、电子和原子这几种微粒中，半径最大的是电子。（　　）

3. 能量最低，离核最近的电子层是 K 层。（　　）

四、计算题

某元素 R 的单质为 1.2g，在标准状况下与足量的盐酸反应后生成 1.12L 的氢气和组成为 RCl_2 的盐，已知 R 的原子核内中子数和质子数相等，求 R 的相对原子质量是多少？这是什么元素？

第三节　元素周期律与元素周期表

一、填空题

1. 随着元素的原子序数的依次递增，原子的__________、__________、__________、__________都会发生周期性变化，其中__________、__________、__________的周期性变化是__________的周期变化的必然结果。

2. 某元素的阴离子 R^{n-} 核外共有 x 个电子，已知该元素原子的质量数为 A，则该元素原子里的中子数为________，原子序数为________。

3. 元素周期表中共有______个周期，______个族，______个主族，______个副族。

4. 某元素 R 的最高价氧化物的化学式为 RO_3 该元素原子核外有三个电子层，R 的元素名称是______，该元素在周期表中位于第______周期第______族。

5. A、B、C为周期表中相邻的三种元素，A、B为同周期，C、B为同主族，三种元素最外层电子数之和为17，质子数总和为31。这三种元素的名称分别为________________。

6. 用元素符号回答第三周期元素的有关问题。

(1) 除惰性元素外，原子半径最大的是________；

(2) 简单的阳离子中，半径最小的是________；

(3) 单质中氧化性最强的是________；

(4) 最高价氧化物的水化物碱性最强的是________；

(5) 最高价氧化物的水化物呈两性的是________；

(6) 最高价氧化物的水化物酸性最强的是________；

(7) 最高价氧化物的水化物呈酸性，但难溶于水的是________；

(8) 能形成气态氢化物且最稳定的是________。

7. 元素在周期表中的排列顺序与原子的________有关，所处的周期序数与________有关，所处的主族序数与原子的________有关。

8. 在$AlCl_3$溶液中，逐滴滴入NaOH溶液，产生的现象开始是________，反应式是________；继续滴入NaOH溶液，产生的现象是________，反应式是________，这个实验证明了________。

二、选择题

1. 元素性质呈周期性变化的原因是（　　）。

(A) 相对原子质量逐渐增大

(B) 核电荷数逐渐增大

(C) 核外电子排布呈周期性变化

(D) 元素的氧化数呈周期性变化

2. 下列同主族元素说法正确的是（　　）。

(A) 原子半径不同　　(B) 最外层电子数相同

(C) 电子层数相同　　(D) 金属性或非金属性相同

3. 元素最高价氧化物的水化物酸性由强到弱的是（　　）。

(A) O、N、C　　(B) Cl、S、P

(C) Al、Mg、Na　　(D) N、P、As

4. X元素原子最外层有7个电子，Y元素原子的最外层有4个电子，它们形成的化合物的化学式是（　　）。

(A) YX_4　　(B) X_4Y_7　　(C) X_7Y_4　　(D) XY_4

5. 有两个核内质子数不同而核外电子数相同的微粒。这两个微粒可能是（　　）。

(A) 两种元素的离子　　(B) 两种元素的原子

(C) 两种同位素　　(D) 一种元素的离子和另一种元素的原子

6. X、Y是短周期元素，两者能组成化合物X_2Y_3，已知X的原子序数为n，则Y的原子序数不可能的是（　　）。

(A) $n+1$　　(B) $n+5$

(C) $n-3$　　(D) $n-8$

7. 下列化合物中，分别由与氩和氖的电子层排布相同的离子构成的是（　　）。

（A）MgO　　（B）KF　　（C）NaF　　（D）CaS

8. 下列说法正确的是（　　）。

（A）在周期表中，族的序数都等于该族元素原子最外层电子数

（B）非金属性最强的元素，其最高价氧化物对应水化物的酸性最强

（C）碱金属随原子序数增大，熔点降低，卤素单质随原子序数增大，熔、沸点升高

（D）同周期的主族元素从左到右原子半径减小，它们形成的简单离子半径增大

三、判断题（下列叙述正确的在题后括号内画“√”，错误的画“×”）

1. 元素周期表有 9 个横行，也就是 9 个周期。（　　）
2. 同一族元素其最外层电子数一定相同。（　　）
3. 惰性元素原子最外层都是 8 个电子。（　　）
4. 凡是原子最外层有两个电子的元素，都是ⅡA 族元素。（　　）
5. 元素的性质只由原子核外最外层电子数多少决定。（　　）
6. 同一周期的元素从左到右金属性减弱，非金属性增强。（　　）
7. 非金属元素的最高正氧化值和它的负氧化值的和等于 8。（　　）
8. 氟的非金属性比氯强，氢氟酸的酸性就比盐酸强。（　　）
9. 元素的种类由质子数决定。（　　）
10. 金属阳离子的电子排布总是与它上一周期惰性原子的电子排布相同。（　　）

四、计算题

1. 元素 R 气态氢化物 H_2R 中氢元素的质量分数为 2.47%，则元素 R 在其最高价氧化物中的质量分数是多少？

2. 把 4.7g 主族元素 R 的最高价氧化物 R_2O 溶于 95.3g 水中，产生碱溶液的质量分数为 5.6%，求 R 的相对原子质量。

第四节　分子结构

一、填空题

1. 化学键是____________________强烈的相互作用。化学键

分三类，即__________、__________和__________。

2. 写出下列微粒的电子式

氧原子　　氦原子　　铝原子　　镁离子

氯离子　　溴化钙　　硫化钠

3. 用电子式表示下列物质的形成过程

$MgCl_2$

Br_2

K_2O

H_2S

CO_2

4. Cl_2 分子是__________分子，Cl—Cl 键是________键，CO_2 分子是________分子，C═O 键是______键，H_2O 分子是________分子，H—O 键是________键。

5. 构成下列晶体的作用力分别是：氯化钙________，金刚石________，碘化钠________，干冰__________。

6. 有 A、B、C 三种元素，A 元素的二价阳离子与氩原子具有相同的电子结构。C 元素的原子比 A 原子少三个质子。B 元素位于第二周期，其正负氧化值的绝对值相等。

(1) 用元素符号表示 A 为________，B 为________，C 为________。

(2) 用电子式表示 A 和 C 形成化合物的过程____________________，此化合物中的化学键属于______键。

(3) 这些元素能形成原子晶体的是______元素，能形成分子晶体的是______元素。

(4) B 和 C 组成的化合物的化学式为__________，它是______分子。

(5) C 元素的最高氧化物的化学式为__________，它的相应的水化物的分子式是__________，其酸性比硫酸__________。

二、选择题

1. 下列说法不正确的是（　　）。

(A) 原子间形成共价键时，键能越小，含有该键的分子越不稳定

(B) 一般来说，键长越短，键越稳定

(C) 由同种原子形成的单质，两原子间的化学键一定是共价键

(D) 稀有气体的单质分子都是单原子分子

2. 下列化合物中，具有极性键的非极性分子是（　　）。

(A) CO_2　　(B) NH_3　　(C) CCl_4　　(D) Cl_2

3. 下列物质中，熔点最低的是（　　）。

(A) 溴化钠　　(B) 金刚石　　(C) 干冰　　(D) 冰

4. 下列五种物质

(A) NH_4Cl　　(B) KCl　　(C) H_2S　　(D) F_2　　(E) NaOH

属于共价化合物的是（　　　），属于离子化合物的是（　　　），既有共价键，又含有离子键，也存在配位键的是（　　　）。

5. 共价键产生极性的根本原因是（　　）。

(A) 成键原子之间原子核吸引共用电子对能力不同

(B) 成键原子是由同种原子组成的

(C) 成键原子是由不同种原子组成的

(D) 成键原子间一种原子带部分正电荷，一种原子带部分负电荷

6. 下列物质只需克服范德华力就能气化的是（　　）。

(A) 金属钠　　(B) 硅石　　(C) 氯化镁　　(D) 干冰

7. 下列微粒中，半径最大的是（　　）。

(A) S　　(B) S^{2-}　　(C) Cl^-　　(D) K

8. 下列物质的分子几何构型与水分子相似的是（　　）。

(A) 二氧化碳　　(B) 硫化氢　　(C) 氯化氢　　(D) 四氯化碳

9. 下列分子中，具有极性键的极性分子是（　　）。

(A) CH_4　　(B) H_2O　　(C) CO_2　　(D) CS_2

10. 可以解释碘微溶于水，易溶于 CS_2 的理由是（　　）。

(A) 碘是固体，水是液体

(B) 碘是单质，水是化合物

(C) 碘和 CS_2 都是非极性分子，水分子是极性分子

(D) 每个 CS_2 分子中的原子个数比每个碘分子中的原子个数多

三、判断题（下列叙述正确的在题后括号内画“√”，错误的画“×”）

1. 含有极性键的分子一定是极性分子。（　　）

2. 含有共价键的化合物一定是共价化合物。（　　）

3. 阴离子的半径比相应的原子半径大。（　　）

4. 非极性分子中一定没有极性键。（　　）

5. 分子间作用力是比离子键弱得多的一种化学键。（　　）

6. 氯化氢溶于水时有 H^+ 和 Cl^- 生成，所以氯化氢是离子化合物。（　　）

7. 在 CCl_4 晶体中，氯原子和碳原子是以共价键相结合的，所以 CCl_4 是原子晶体。（　　）

8. 在单键、双键和三键中，原子被共用的电子对数分别是 1、2 和 3。（　　）

9. NaCl 表示氯化钠晶体中钠离子和氯离子的个数比是 1∶1。（　　）

10. 离子晶体中一定含有离子键。（　　）

四、计算与推断题

1. 某主族元素 R，它的气态氢化物的化学式为 RH_3，其最高价氧化物中含氧 74.7%，计算 R 的相对原子质量并指出元素的名称。

2. X、Y、Z 是按核电荷数递增顺序排列的三种元素。它们的核电荷数的关系是 Y+

X＝Z。在它们的原子里，最外层电子层上电子数的关系是 Y＋X＝Z。已知 Z 原子里，最外电子层上的电子数恰好等于最内层电子总数的三倍。

（1）推断 X、Y、Z 的元素名称。

（2）X、Y、Z 三种元素的原子可以相互结合形成一种共价化合物，写出化合物的化学式。

（3）X、Y、Z 三种元素的原子可以相互结合形成一种离子化合物，写出化合物的化学式。

3. 原子序数在 20 以内的甲、乙、丙、丁四种元素，它们的核电荷数依次增大，分别位于四个不同的周期和四个不同的主族。其中元素丙的最高正价与负价的绝对值之差为 6。元素甲、乙、丁的原子里，价电子数之和与元素丙的价电子数相等。试推断甲、乙、丙、丁的元素名称；写出丙和乙结合生成的化合物的电子式，并判断该化合物中化学键的类型；判断丙和丁形成的晶体是什么类型。

第七章 重要的非金属元素及其化合物

第一节 卤 素

一、填空题

1. 卤族元素共有________五种元素。它们的原子最外层都有______个电子，是典型的________元素。

2. 在通常状况下，氯气呈______色，它的化学性质很____。氯气和水反应，生成________和________。氯气与氢氧化钠反应的化学方程式是________________。

3. 实验室制取氯气的化学反应式为________________，制得的氯气用__________法收集，多余的氯气可用__________溶液吸收，以免污染大气。

4. 湿润的有色布条能在氯气中褪色，主要是________________的缘故。

5. 在淀粉-碘化钾溶液中加入碘水，溶液呈______色。

6. 氟化钙俗名__________，使其与__________在__________中反应制取氟化氢。因此氢氟酸不能贮存在__________容器中。

二、选择题

1. 下列气体有毒的是（　　）。

(A) Cl_2　　(B) O_2　　(C) H_2　　(D) N_2

2. 在碘化钾稀溶液中，同时加入少量的饱和氯水和四氯化碳，振荡后，四氯化碳液层的颜色为（　　）。

(A) 橙红色　　(B) 无色　　(C) 紫红色　　(D) 深棕色

3. 1L 水中溶解有 0.1mol 的 NaCl 和 0.1mol 的 $MgCl_2$，则溶液中 Cl^- 的物质的量浓度是（　　）。

(A) 0.1mol/L　　(B) 0.2mol/L　　(C) 0.3mol/L　　(D) 106.5g/L

4. 实验室制取下列各组气体，所用的发生装置相同的是（　　）。

(A) Cl_2 和 H_2　　(B) Cl_2 和 HCl　　(C) HCl 和 O_2　　(D) Cl_2 和 O_2

5. 在硝酸银的溶液中加入溴化物溶液，生成既不溶于水又不溶于硝酸的（　　）沉淀。

(A) 棕红色　　(B) 黄色　　(C) 淡棕色　　(D) 淡黄色

三、判断题（下列叙述正确的在题后括号内画“√”，错误的画“×”）

1. 氢卤酸都是强酸。(　　)
2. 氯水具有消毒作用，主要是由于氯水中含有大量的氯分子。(　　)
3. 用排水集气法不能收集到纯净的氯气。(　　)
4. 实验室制取氯气时，要用二氧化锰作催化剂。(　　)
5. 干燥的有色布条在液氯中能褪色。(　　)
6. 氯水在日光照射下会有气体逸出，这气体是溶解在水中的氯气。(　　)
7. 溴原子和溴离子的摩尔质量相同。(　　)
8. 氢氟酸可以腐蚀玻璃。(　　)

四、问答与计算题

1. 现有二氧化锰、氯化钾、溴化钾、浓硫酸和水五种物质，怎样用这五种物质来制取盐酸、氯气和溴？写出有关的化学反应方程式。

2. 现有三瓶无色溶液，分别为 NaCl、NaBr、KI，举出两种鉴别它们的方法，写出有关的化学方程式。

3. 实验室用过量的浓盐酸和二氧化锰反应制得氯气 7.1g，需要二氧化锰多少克？需37%的盐酸多少克？

4. 用 100g 硝酸银与 10mL 6%的稀盐酸（密度为 1.028g/cm^3）进行反应，可生成氯化银多少克？

第二节　氧族元素

一、填空题

1. 氧族元素包括＿＿＿＿＿＿＿＿＿＿五种元素，位于元素周期表第＿＿族。它们的原子的最外电子层上都有＿＿个电子。在化学反应中容易＿＿＿两个电子。氧族元素从上到下，非金属性逐渐＿＿＿＿。

2. 硫与氧气的化合反应中，硫的化合价从＿＿＿价升为＿＿＿价。硫是＿＿＿剂。氧气做＿＿＿＿剂。

3. 二氧化硫是＿＿＿＿＿＿颜色而有＿＿＿＿＿气味的有毒气体。它是一种大气＿＿＿＿物。

4. 二氧化硫是酸性氧化物，与水化合生成＿＿＿＿。三氧化硫是＿＿＿＿性氧化物，称做＿＿＿＿，与水化合生成＿＿＿＿＿。

5. 实验室常用硫化亚铁和＿＿＿＿＿或＿＿＿＿＿反应制取硫化氢气体。由于反应物硫化亚铁为＿＿＿态物质，另一种反应物为＿＿＿态，在反应中又不需＿＿＿＿，故可用＿＿＿＿＿＿（仪器名称）制取。

6. 硫化氢气体能溶于水，它的水溶液叫＿＿＿＿＿＿。硫化氢具有还原性，这是因为硫化氢分子中的硫处于＿＿＿＿＿＿＿＿＿＿＿＿＿，易被氧化而失去电子，变成＿＿＿＿＿＿的缘故。

7. 1mol 硫酸完全电离后，可得到＿＿＿ mol H^+ 和＿＿＿ mol SO_4^{2-}。

8. 常温下，浓硫酸与铁、铝等金属接触，能使金属表面生成＿＿＿＿＿＿＿＿＿，这种现象叫＿＿＿＿＿＿。

9. 接触法制硫酸的三个主要设备为＿＿＿＿＿＿、＿＿＿＿＿＿和＿＿＿＿＿＿。

二、选择题

1. 下列对单质硫叙述正确的是（　　）。
   （A）硫蒸气可以与赤热的铜反应，生成硫化铜
   （B）硫蒸气可以与氢气直接化合生成硫化氢
   （C）单质硫总是作还原剂参加反应
   （D）硫不溶于四氯化碳等有机溶剂

2. 下列物质中与硫化氢反应，有可能生成单质硫的是（　　）。
   （A）SO_2　（B）HCl　（C）稀 H_2SO_4　（D）Fe

3. 下列叙述正确的是（　　）。
   （A）硫与金属反应时显还原性，容易得到电子
   （B）硫是黑火药的一部分
   （C）硫在空气中燃烧时生成白烟
   （D）硫与铜反应，生成蓝色硫化亚铜

4. 可以用启普发生器制取的一组气体是（　　）。
   （A）H_2 和 Cl_2　（B）O_2 和 H_2S
   （C）H_2S 和 H_2　（D）CO_2 和 HCl

5. 把反应式 $2FeCl_3 + H_2S \longrightarrow 2FeCl_2 + S\downarrow + 2HCl$ 改写成离子方程式，正确的是(　　)。

(A) $2Fe^{3+} + H_2S \longrightarrow 2Fe^{2+} + S\downarrow$

(B) $2FeCl_3 + S^{2-} \longrightarrow 2FeCl_2 + S\downarrow + 2Cl^-$

(C) $2Fe^{3+} + S^{2-} \longrightarrow 2Fe^{2+} + S\downarrow$

(D) $2Fe^{3+} + H_2S \longrightarrow 2Fe^{2+} + S\downarrow + 2H^+$

6. 下面有关硫化物的叙述，其中不正确的是（　　）。

(A) 硫化氢易溶于水，可做喷泉实验

(B) 二氧化硫的液化比氯气还要容易

(C) 氢硫酸是一种弱酸，它具有酸的通式

(D) 二氧化硫与硫化氢的反应是不可逆反应

7. 下列反应中，二氧化硫作氧化剂的是（　　）。

(A) 二氧化硫通入氢硫酸中

(B) 二氧化硫通入水中

(C) 二氧化硫通入氢氧化钠溶液中

(D) 二氧化硫通入在催化剂作用下和氧气反应

8. 下列物质能使品红溶液褪色，加热后颜色又复现的是（　　）。

(A) H_2S　　(B) SO_2　　(C) 干燥的 Cl_2　　(D) 新制的氯水

9. 下列气体不能用浓硫酸干燥的是（　　）。

(A) Cl_2　　(B) HCl　　(C) O_2　　(D) H_2S

10. 将 0.8g SO_3 溶于 4.2g 水中，溶液的百分比浓度为（　　）。

(A) 16％　　(B) 19.05％　　(C) 19.6％　　(D) 23.33％

三、判断题（下列叙述正确的在题后括号内画“√”，错误的画“×”）

1. 氧族元素的非金属性比同周期的卤素弱。(　　)

2. 铜丝在硫蒸气中燃烧，发出红光，并生成红色的氧化亚铜。(　　)

3. 二氧化硫与氯气都具有漂白作用，如果将这两种气体同时作用于潮湿的有色物质，可大大增强漂白能力。(　　)

4. 酸酐与水化合，生成对应的含氧酸时，所有元素的化合价都不变。(　　)

5. 浓硫酸与锌起反应可放出氢气，与铜加热也不起反应。(　　)

6. 稀释浓硫酸时，千万不能把浓硫酸倒入水中，一定要把水沿着器壁慢慢注入浓硫酸中，并不断搅拌。(　　)

7. 硫化氢与浓硫酸反应时，硫化氢可被还原为单质硫。(　　)

四、问答与计算题

1. 实验室只有铁、硫黄、盐酸三种试剂，怎样制取硫化氢？写出用两种方法制取硫化氢的反应方程式？

2. 使 2g 铜与 98%的浓硫酸完全反应，需密度为 $1.84g/cm^3$ 的 98%的浓硫酸多少毫升？

3. 用 100t 含 FeS_2 60%的硫铁矿，理论上可制得 98%的硫酸多少吨？

4. 21g 铁粉与 8g 硫粉混合后加热，能生成多少克硫化亚铁？往反应生成的混合物中加入足量的盐酸，共生成气体多少升？（标准状况下）

第三节　氮族元素

一、填空题

1. 氮族元素包括__________________五种元素。位于元素周期表第____族，它们的原子最外层都有____个电子。氮族元素的非金属性从上至下逐渐______。

2. 氮在放电条件下可以与氧气直接化合，生成____色的________。一氧化氮易与氧结合，生成____色并有__________气味的二氧化氮。

3. 氨是____色有__________气味的气体。氨容易______化，极易溶于水，常温下，一体积水能溶解______体积的氨。一水合氨______稳定，受热易分解成______和________________。在催化剂作用下，氨被氧化成______________，这个反应的方程式为______________________________。

4. 氨和________作用可生成铵盐。铵盐是由________和________组成的化合物。铵盐也能和碱作用放出氨气，例如实验室常用硫酸铵和烧碱反应制取氨气，其化学方程式为________________________________。同时也可利用这个性质来检验______的存在，这种方法在分析中叫__________法。

5. 磷的同素异形体有____________，其中______有毒，易溶于________，着火点为______K。在空气中缓慢氧化可发生________，应保存在______________中。

6. 白磷与红磷的物理性质不同，主要是因为________不同。白磷和红磷燃烧后都生成__________。

7. 纯磷酸是________的晶体，与________可以任意比例混溶。磷酸______毒，而偏磷酸______毒。

8. 化学工业制造磷肥的目的就是______________________________________，使它__________________________________，以利于农作物吸收。“普钙”是____________和____________的混合物。

二、选择题

1. 氮气能用来填充灯泡，是因为（　　）。

(A) 氮气和金属反应　　(B) 氮气能防止钨丝氧化

(C) 氮气是单质　　(D) 氮气能与氧气反应

2. 下列气体只能用向上排气法收集的是（　　）。

(A) N_2　　(B) NH_3　　(C) H_2　　(D) NO_2

3. 下列化合物中氮元素的化合价是+5价的是（　　）。

(A) NH_4Cl　　(B) KNO_3　　(C) NH_3　　(D) $(NH_4)_2SO_4$

4. 下列物质不属于纯净物的是（　　）。

(A) 氨水　　(B) 液氨　　(C) 氨气　　(D) 氯化铵晶体

5. 下列各组物质中，相互反应不产生氨气的是（　　）。

(A) NH_4Cl 和 $NaOH$　　(B) $(NH_4)_2SO_4$ 和 HNO_3

(C) $(NH_4)_2SO_4$ 和 KOH　　(D) NH_4NO_3 和 $Ca(OH)_2$

6. 2mol 铜与浓硝酸完全反应时，被还原的硝酸是（　　）。

(A) 2mol　　(B) 8mol　　(C) 4mol　　(D) 6mol

7. 只用下面一种试剂就能鉴别 NH_4Cl、KCl、Na_2SO_4 和 $(NH_4)_2SO_4$ 四种溶液的是（　　）。

(A) $NaOH$　　(B) $BaCl_2$　　(C) $AgNO_3$　　(D) $Ba(OH)_2$

8. 在下列各组物质的反应中，硝酸既呈酸性，又呈氧化性的是（　　）。

(A) $FeO+4HNO_3 = Fe(NO_3)_3+NO_2\uparrow+H_2O$

(B) $3H_2S+2HNO_3 = 3S\downarrow+2NO\uparrow+4H_2O$

(C) $Al(OH)_3+3HNO_3 = Al(NO_3)_3+3H_2O$

(D) $Fe_2O_3+6HNO_3 = Fe(NO_3)_3+3H_2O$

9. 下列磷酸盐分子式错误的是（　　）。

(A) NaH_2PO_4　　(B) $(NH_4)_2HPO_4$

(C) $Ca_3(PO_4)_3$　　(D) $Ca(HPO_4)_2$

10. 下列关于红磷和白磷性质的叙述中，错误的是（　　）。

（A）红磷无毒，白磷有毒　　（B）都不溶于水，都能溶于 CS_2

（C）它们是同素异形体　　（D）在空气中燃烧都生成 P_2O_5

三、判断题（下列叙述正确的在题后括号内画“√”，错误的画“×”）

1. 氮只有 NO 和 NO_2 两种氧化物。（　　）

2. 氨气不能用浓硫酸来干燥。（　　）

3. 实验室是用水和四氧化氮直接合成硝酸。（　　）

4. 硝酸可以和一般金属反应，并放出氢气。（　　）

5. 贮存和运输氨水时，应当用密封的铁制容器，以防氨水挥发。（　　）

6. 实验室制取硝酸，可以用硝酸钠和浓硫酸反应，但不能用浓盐酸和硝酸钠反应。（　　）

7. 王水是浓硝酸和浓硫酸为 1+3 的混合物。（　　）

8. NO 是红棕色并有刺激性气味的气体。（　　）

9. 所有的硝酸盐都易溶于水，且加热时都放出氢气。（　　）

10. 氮族元素的非金属性比同周期的氧族元素强。（　　）

四、问答与计算题

1. 把铜片放到下列各种酸里有什么现象发生？能反应的写出化学方程式，不能反应的说明理由。

（1）稀盐酸

（2）浓硫酸

（3）稀硫酸

（4）浓硝酸

（5）稀硝酸

2. 如何用化学方法证明氯化铵既是铵盐，又是氯化物？写出检验方法、发生的现象、反应方程式和离子方程式。若有氯化铵 5.35g 完全与氢氧化钠反应后，在标准状态下可生成多少升氨？

3. 依次写出实现下述化学反应的方程式，并注明反应条件、生成物的颜色和状态。

$N_2 \longrightarrow NH_3 \longrightarrow NO \longrightarrow NO_2 \longrightarrow HNO_3 \longrightarrow NH_4NO_3$

4. 要配制浓度为 6mol/L 的硝酸溶液 250mL，需浓度为 70%、密度为 $1.42g/cm^3$ 的浓硝酸多少毫升？

5. 用 NH_4Cl 和 $Ca(OH)_2$ 各 5.35g，可制得多少升（标准状况）氨气？将所制得的氨气完全溶于水配成 500mL 的氨水，求此氨水溶液的物质的量浓度是多少？

6. 51g NH_3 和 98g H_3PO_4 完全反应后生成的盐是什么？

第四节 碳族元素

一、填空题

1. 碳族元素包括__________五种元素。位于元素周期表第____族，它们的原子最外层都有____个电子。

2. 一氧化碳在空气中燃烧发出____色火焰，同时生成________。一氧化碳只有________________________________性，例如高炉炼铁时，铁矿与一氧化碳的反应方程式为________________________________。

3. 硅在地壳中的含量仅次于______。晶体硅的结构与________晶体的结构相似，都属于原子晶体，所以硅的硬度较______，沸点、熔点都较________。

4. 玻璃的主要成分里含有________，实验室盛放碱溶液的试剂瓶不能用______塞，因为它受碱溶液腐蚀生成黏性的硅酸钠。

二、选择题

1. 下列是碳的同素异形体所共有的性质是（　　）。

(A) 硬度高　　(B) 能导电

(C) 有金属光泽　　(D) 与氧化合生成 CO_2

2. 下列物质具有还原性的是（　　）。

(A) CO_2　　(B) H_2CO_3

(C) Na_2CO_3　　(D) CO

3. 既能与某些金属或非金属反应，又能与某些金属氧化物或非金属氧化物直接化合的氧化物是（　　）。

(A) CaO　　(B) CO_2

(C) H_2O_2　　(D) NO

4. 能用于鉴别 Na_2CO_3 和 $NaHCO_3$ 的试剂是（　　）。

(A) 石蕊试液　　(B) $CaCl_2$ 溶液

(C) 盐酸　　(D) $Ba(OH)_2$ 溶液

5. 下列关于硅的叙述中，正确的是（　　）。

(A) 硅没有同素异形体

(B) 硅原子易得 4 个电子而不易失去 4 个电子

(C) 硅的晶体在常温下具有半导体的性质

(D) 硅的化学性质较活泼

6. 下列物质不属于晶体的是（　　）。

(A) 玻璃　　(B) 食盐

(C) 石英　　(D) 干冰

7. 表示式为 $Al_2O_3 \cdot 2SiO_2 \cdot 2H_2O$，说明这种物质是（　　）。

(A) 一种混合物　　(B) 一种硅酸盐

(C) 三种氧化物　　(D) 二种氧化物的水化物

三、判断题（下列叙述正确的在题后括号内画“√”，错误的画“×”）

1. 碳在自然界中不能以游离态存在。（　　）

2. 碳酸为一种较弱的二元酸。（　　）

3. SiO_2 能与氢氟酸反应生成四氟化硅气体和水。（　　）

4. SiO_2 是硅酸的酸酐，溶于水后生成硅酸。（　　）

5. 碳族元素都是非金属元素。（　　）

四、计算题

1. 90g SiO_2 和 40g 炭的混合物，在电炉中煅烧发生如下反应：$SiO_2 + 2C \xlongequal{} Si + 2CO\uparrow$，计算生成硅多少克？生成的 CO 在标准状况下体积为多少升？

2. 现有含 SiO_2 杂质的 $CaCO_3$ 5g，与 60mL 2mol/L 的盐酸反应，制得 1008mL CO_2（标准状况下），求原碳酸钙的纯度。若要中和剩余的盐酸，需 1mol/L 的 NaOH 溶液多少毫升？

第八章 重要的金属元素及其化合物

第一节 碱金属元素

一、填空题

1. 碱金属元素包括__________________六种元素，位于元素周期表中第____族。它们的原子____________相同，都是一个电子，不同的是随____________，原子半径逐渐增大，它们的金属性依次________。

2. 钠是____色金属。硬度很______，新切开的光亮断面，在空气中很快________，这主要是因为生成了______________。钠在空气中燃烧，生成较稳定的________，其中氧元素的化合价为____价。

3. 过氧化氢俗名__________，它的分子内含有______键。过氧化物是一种强________剂。

4. 碳酸氢钠俗名__________，在水中的溶解度比碳酸钠______。二者遇到盐酸都能放出________气体。

二、选择题

1. 金属钠易氧化，所以实验室将其保存在（　　）。

   (A) 煤油中　(B) 酒精中　(C) 水中　(D) 稀硫酸中

2. 下列原子和离子，不具有还原性的是（　　）。

   (A) S　(B) K　(C) Cl^-　(D) Na^+

3. 焰色反应指的是（　　）。

   (A) 检验各种元素的普遍方法
   (B) 把一些金属元素放在火焰上加热到一定程度，金属本身呈现的颜色
   (C) 一些金属或它们的化合物在火焰上灼烧时，火焰呈特征颜色的反应
   (D) 可燃物质燃烧时，其火焰表现出的颜色和亮度

4. 过氧化钠可作呼吸面具内的一种填充剂，这主要是利用它的（　　）。

   (A) 氧化性　(B) 易于潮解
   (C) 可与 CO_2 作用放出 O_2　(D) 漂白性

5. 要除去混在 $NaHCO_3$ 中的 Na_2CO_3，可以向溶液中（　　）。

   (A) 加入大量的 $CaCl_2$ 溶液　(B) 通入大量的二氧化碳气体
   (C) 加入适量的石灰水　(D) 加入过量的稀盐酸

三、**判断题**（下列叙述正确的在题后括号内画“√”，错误的画“×”）

1. 钠为一种活泼金属，很坚硬，为电和热的良导体。（　　）

2. 过氧化钠可作氧化剂、漂白剂和氧气发生剂。（　　）

3. 相同质量的钾和钠与水反应，产生氢气较多的是钠。（　　）

4. 碱金属元素的原子在化学反应中都容易失去最外层的一个电子而被还原，所以碱金属都是强还原剂。（　　）

5. 钠原子与钠离子的摩尔质量是一样的。（　　）

四、计算题

1. 400mL 0.5mol/L 的 Na_2CO_3 溶液与足量的石灰水作用，可生成沉淀多少克？

2. 2.3g 的金属钠和 10g 水反应，生成的溶液的质量分数是多少？

3. 把 Na_2CO_3 和 $NaHCO_3$ 的混合物 150g 加热至质量不再减少为止，剩余物质的质量为 119g，计算混合物中 Na_2CO_3 的质量分数。

第二节　碱土金属元素

一、填空题

1. 碱土金属包括______________六种元素，位于元素周期表第____族。其中______为稀有元素，______为放射性元素。

2. 钙比镁的金属性______，钙暴露于空气中立刻________，表面生成一层

____________，对内部不起保护作用，所以钙必须保存在________容器中，镁可以放置在__________。

3. 在空气中使镁燃烧时，除生成氧化镁外，尚有微量的________生成，化学反应式为______________________________。同时镁在空气中燃烧，放出耀眼的____光，所以镁常用于制造__________和__________。

4. 通常将______________________________________的水叫硬水。

二、选择题

1. 有关镁、钙、锶、钡的叙述不正确的是（　　）。

（A）它们的氢氧化物的碱性随着原子序数的增加而增大。

（B）它们能和水蒸气反应生成氢气。

（C）它们的氧化物都能溶于水。

（D）它们都能形成+2 价的离子。

2. 能迅速溶解热水瓶内水垢的化学药品是（　　）。

（A）稀 HCl　（B）稀 H_2SO_4　（C）浓 H_2SO_4　（D）浓 H_3PO_4

3. 熟石膏的分子式为（　　）。

（A）$CaSO_4 \cdot 2H_2O$　（B）$CaSO_4$　（C）$CaSO_4 \cdot H_2O$　（D）$CaSO_4 \cdot 3H_2O$

4. 除去溶液中的 Ca^{2+}，效果最好的是用（　　）。

（A）OH^-　（B）CO_3^{2-}　（C）SO_4^{2-}　（D）Cl^-

三、判断题（下列叙述正确的在题后括号内画“√”，错误的画“×”）

1. 金属越活泼其相应的离子是越强的还原剂。（　　）

2. 镁在空气中很易点燃，能强烈燃烧，所以用镁合金制造飞机、汽车是很危险的，也是不可能的。（　　）

3. 无水氯化钙吸水性很强，可以用来干燥氯气、氢气、氨气等。（　　）

四、分析与鉴别题

1. 在 $CaCl_2$ 或 $Ca(NO_3)_2$ 溶液中通入 CO_2 或注入 CO_2 的水溶液（H_2CO_3）时，并没有 $CaCO_3$ 沉淀析出，但在这混合溶液中加入少许氨水即产生沉淀，试解释上述现象。

2. 实验室一试剂瓶装有白色粉末固体，它可能是 $MgCO_3$、$BaCO_3$、无水 Na_2SO_4、无水 Na_2CO_3 或无水 $CaCl_2$，试鉴别之。用反应方程式表示，并略加说明。

第三节　铝、铁、铜及其化合物

一、填空题

1. 铝是典型的________元素，既能与________反应，也能与________溶液反应，生成相应的盐并都放出______气。

2. 通常把__________和__________的混合物叫铝热剂。

3. 氯化铝溶液呈______性，滴入少量氢氧化钠溶液，其离子方程式为__________________________，加入过量的氢氧化钠溶液，反应的离子方程式为_________________________。

4. 硫酸铝钾的分子式为____________，这种盐叫做______盐。含 12 个结晶水的硫酸铝钾俗称________，其水溶液呈______性。

5. 将纯铁溶于稀硫酸，可析出__________，俗称________。

6. 四氧化三铁是____色晶体，具有______性，它______溶于硝酸。

7. 在 $FeCl_2$ 溶液中加入 NaOH 溶液，可观察到____________，反应的离子方程式为_________________________。在空气中放置一段时间后，现象为____________。

8. 利用亚铁氰化钾溶液可以检验 Fe^{3+} 的存在，在铁盐溶液中滴入几滴__________可生成血红色溶液。

9. 五水合硫酸铜是____色晶体，俗称____________。

10. 铜在潮湿的空气中生成一层铜锈，成分是____________，其分子式是__________________。氢氧化铜易溶解在氨水中，生成一种叫做____________的复杂离子。用离子方程式表示为__________________________。

二、选择题

1. 在无色溶液中加入稀盐酸有白色沉淀生成，继续滴加稀盐酸，沉淀又消失。此无色溶液是（　　）。

(A) $AlCl_3$　　(B) $NaAlO_2$　　(C) $AgNO_3$　　(D) $ZnCl_2$

2. 加酸能使下列离子浓度降低的是（　　）。

(A) K^+　　(B) Cu^{2+}　　(C) Al^{3+}　　(D) AlO_2^-

3. 下列反应的生成物中铁元素的化合价为+3 价的是（　　）。

(A) 铁和氯气反应　　(B) 硫和铁反应

(C) 铁和盐酸反应　　(D) 铁和稀硫酸反应

4. 下面关于铜的说法，错误的是（　　）。

(A) 具有延展性

(B) 当溶于稀硝酸时，生成的气体能溶于水

(C) 在空气中加热时，表面为黑色物质覆盖

(D) 在干燥的空气中很稳定

三、完成下列离子方程式并配平

1. $Al+H^+ \longrightarrow$

2. $Al+OH^- +H_2O \longrightarrow$

3. $Al^{3+}+NH_3 \cdot H_2O$(过量)$\longrightarrow$

4. $Al(OH)_3+H^+ \longrightarrow$

5. $Al(OH)_3+OH^- \longrightarrow$

四、计算题

1. 127g 铜在空气中燃烧完全后，再与浓硫酸反应制取硫酸铜，问需 98%密度为 $1.84g/cm^3$ 的浓硫酸多少毫升？

2. 在焊接路轨时，如果需要填满体积为 100mL 的凹坑，需多少克铝热剂？（铁的密度为 $7.86g/cm^3$）

第四节　其他常见金属及其化合物

一、填空题

1. 纯银是______色的______金属，化学活泼性______。当遇到含 H_2S 气体的空气时，表面会生成______色的硫化银，用化学方程式表示为________________________。

2. 锌在空气中很________，常温下与水______反应。常见的白铁皮是将干净的________浸在熔化的锌里制得的。

3. 汞在常温下是____态金属，带有____色光泽，俗称________。汞除有一般金属的通性外，还能溶解某些金属形成汞的合金，叫__________。

4. 铬在空气、水或硝酸中能稳定存在，是由于________________。

5. 高锰酸钾在酸性溶液中及光的作用下会缓慢地分解而析出棕色的二氧化锰，其反应的离子方程式为____________________________。因此高锰酸钾溶液必须保存在____色瓶中。

6. 常温下空气对锡不起作用，而铅可被________，使铅表面生成一层__________，可保护铅不能进一步被氧化。因此可以说锡和铅在空气中都____________。

7. 在氧化还原反应中，PbO_2 常作________剂，SnO 常作________剂。

8. 氯化亚汞俗称________，在光照下，它容易分解成________和有剧毒的__________。

二、完成下列反应并配平

1. 加 NaOH 溶液于 $AgNO_3$ 溶液中生成 Ag_2O 沉淀。

2. 高锰酸钾与硫酸亚铁在硫酸溶液中反应。

3. 锡与稀硝酸溶液作用。

4. 重铬酸钾与氯化亚铁在盐酸溶液中反应。

三、计算题

现含有铜的银币 10g，溶于稀硝酸后，加入盐酸得到 10.4g AgCl，求银币中铜的质量分数为多少？

第九章　配　合　物

一、填空题

1. 配合物的结构一般都比较________，都含有一个________________________占据中心位置，在其周围结合着________________________。配离子的电荷数等于________________________________。中心离子与配位体之间以________键结合，配离子与外界离子之间以________键相结合。

2. 含有相同配位体数目的配合物，其 $K_{不稳}$ 值越大，说明该配合物越________。

3. 把由____的配合物叫内配合物或螯合物。能和中心离子形成螯合物的含有多基配位体的配位剂常称为__________。

4. 在硫酸铜溶液中滴入浓氨水，生成________蓝色沉淀，反应化学方程式为__________________________。当继续滴加浓氨水时，沉淀________，反应的离子方程式为__________________________。

5. 配合物 $[Cr(NH_3)_6]Cl_3$ 的名称为__________________。其中心离子为______，配位体是______，配位体个数为______，配位体电荷数为______。

二、选择题

1. 下列物质不是配合物的是（　　）。

(A) $CuSO_4 \cdot 5H_2O$

(B) $KAl(SO_4)_2 \cdot 12H_2O$

(C) Na_3AlF_6

(D) $[Cu(NH_3)_4]SO_4$

2. 下列配合物命名错误的是（　　）。

(A) $Na_2[SiF_6]$　　六氟合硅（Ⅳ）酸钠

(B) $[Cu(NH_3)_4]Cl_2$　　二氯化四氨合铜（Ⅱ）

(C) $[Pt(NH_3)_2Cl_2]$　　二氯二氨合铂（Ⅱ）

(D) $K_3[Fe(CN)_6]$　　六氰合铁（Ⅱ）酸钾

三、按要求完成下列各题

1. 二价铜的配位数为 4，写出它与氨气和氰根（CN^-）结合形成的配离子的离子式。并根据配离子所带电荷的符号和数量，分别组成一个配合物的化学式。

2. $AgNO_3$ 能从 $Pt(NH_3)_6Cl_4$ 溶液中将所有的氯沉淀为 AgCl，但在 $Pt(NH_3)_4Cl_4$ 溶液中仅能沉淀出 1/4 的氯。试写出这两种配合物按内界、外界结合方式组成的结构式。

第十章　烃

第一节　有机化学简介

一、填空题

1. 有机物是指__________及其__________。有机化学是研究有机化合物的______________________________的科学。

2. 一般来讲，有机物与无机物比较，主要特点有______________、______________、______________、______________。

3. 为了便于学习和研究，常将有机化合物进行分类。一种是按照分子中__________不同进行分类，另一种可按分子中的__________的连接方式不同分成三类。

二、选择题

1. 下列物质属于有机化合物的是（　　）。

(A) Na_2CO_3　　(B) C_2H_2　　(C) H_2CO_3　　(D) CO_2

2. 下列有机物属于开链化合物的是（　　）。

(A) 环丙烷（CH_2—CH_2—CH_2 成环）　　(B) CH_3—CH_2—CH_2—CH_3　　(C) 环丁烷（CH_2—CH_2、CH_2—CH_2 成环）　　(D) 噻吩（CH—CH、CH＝、＝CH、S 成环）

第二节　烷　　烃

一、填空题

1. 仅由________两种元素组成，且碳原子之间都以单键结合成链状的一类有机化合物叫__________或__________。通式为________________。

2. 甲烷分子是由____个碳原子和____个氢原子组成的，化学式为____________，结构式____________。甲烷与氯气在一定条件下可发生________反应。

3. 纯净的甲烷在空气中能安静地燃烧，生成物是____________，燃烧时产生____色的火焰并放出大量的热。

4. 结构__________，在分子组成上相差________________的物质互相称为同系物。

5. 从烃分子中去掉一个或几个________后所剩余的部分叫__________，一般用______表示。烷烃去掉一个________后剩余的原子团叫________，例 CH_3—叫

__________，CH_3CH_2-叫做__________。

6. 化合物具有相同的__________，但具有不同的__________和__________的现象叫同分异构现象。具有同分异构现象的化合物互称为__________。

二、用系统命名法命名下列化合物

1. CH_3-CH_3 __________

2.
```
CH3—CH—CH3
     |
     CH2
     |
     CH3
```
____

3.
```
CH3—CH—CH—CH2—CH—CH3
     |    |         |
     CH3  CH3       CH2
                    |
                    CH3
```
____

4. $CH_3CH_2CH(CH_3)CH(CH_3)_2$ __________

三、写出下列各种烷烃的化学式

1. 丙烷__________

2. 含十五个碳原子的烷烃__________

3. 相对分子质量为72的烷烃__________

4. 含十二个氢原子的烷烃__________

四、写出下列有机物的结构简式

1. 环戊烷

2. 异丁烷

3. 2,3,4-三甲基己烷

4. 三十六烷

五、计算题

一种气态烃含碳83.33%，含氢16.66%。标准状况下为1.12L，这种烃的质量为3.6g。求此烃的化学式，并写出可能的同分异构体的结构式，同时予以命名。

第三节　烯　　烃

一、填空题

1. 链烃分子中含有一个__________的不饱和烃叫做烯烃，通式为________________。

2. 实验室制取乙烯时，在烧瓶中放入少量碎瓷片，其作用是________________________。等烧瓶中的空气完全排出后用__________法收集乙烯。

3. 0.5mol 的某烃完全燃烧后生成 1mol 的 CO_2 和 1mol 的水，该烃的名称为__________。

4. 有机物分子里__________的碳原子和__________________直接结合，生成新的物质的反应叫__________反应。把乙烯通入盛有溴水的试管中，溴水的红棕色消失，是因为发生了__________反应，生成无色的____________________。

5. $CH_2{=}C(CH_3)CH{=}CH_2$ 和 $CH_3CH{=}CHCH{=}CH_2$ 属于__________烃，它们是______________体。名称分别为____________和____________。

二、选择题

1. 能使高锰酸钾溶液褪色的气体是（　　）。

（A）甲烷　（B）环丙烷　（C）异戊烷　（D）丙烯

2. 对于 $\begin{array}{c} \quad\ \ CH_3 \\ \quad\ \ | \\ CH_3{-}C{=}CH{-}CH{-}CH_3 \\ \qquad\qquad\quad | \\ \qquad\qquad\quad C_2H_5 \end{array}$ ，命名正确的是（　　）。

（A）2-甲基-4-乙基-2-戊烯

（B）4-甲基-2-乙基-3-戊烯

（C）2,4-二甲基-2-己烯

（D）3,5-二甲基-4-己烯

3. 丙烯与氯化氢的反应属于（　　）。

（A）取代反应　（B）加成反应

（C）聚合反应　（D）化合反应

4. 符合分子式 C_5H_{10} 的烯烃的同分异构体有（　　）种。

（A）2　（B）3　（C）4　（D）5

5. 除去乙烷中混有的乙烯，可让混合气体通过（　　）。

（A）水　（B）溴水　（C）浓硫酸　（D）苛性钠溶液

6. 某物质的分子由碳、氢两种元素组成，碳、氢原子个数比为 1∶2，摩尔质量为 56g/mol，能与溴水反应，能使高锰酸钾溶液褪色，该物质是（　　）。

（A）丁烯　（B）戊烯　（C）丁二烯　（D）戊烷

三、问答题

某两种烯烃与氢溴酸作用时，都生成 $\begin{array}{c} \quad Br \\ \quad | \\ CH_3{-}C{-}CH_2{-}CH_3 \\ \quad | \\ \quad CH_3 \end{array}$ ，这两种烯烃应具有什么

样的结构？

四、计算题

已知某气态烃中碳氢的质量比为 6∶1，该烃对氢气的相对密度为 14，求它的化学式。

第四节　炔　　烃

一、填空题

1. 链烃分子中含有__________的不饱和烃叫做炔烃。其通式为____________。

2. 乙炔俗称____________，化学式为____________。实验室制取乙炔的反应式为____。

3. 某烃所含碳、氢原子数相同，能和 $AgNO_3$ 的氨溶液反应生成灰白色沉淀，该烃的名称为________。若在氧气中燃烧，可放出____________气体，其高温火焰常称为____________。

4. 一种炔烃与氢气加成后得到

$$\begin{array}{l} CH_3—CH—CH_2—CH_3 \\ \qquad\quad | \\ \qquad\ CH_3 \end{array}$$

，该炔烃的结构简式为____________________________。

5. 含有一个碳碳三键的烃，相对分子质量为 54，化学式是____________，可能有的结构简式为________________和________________。

二、选择题

1. 可用相同的气体发生装置来制备的一组气体是（　　）。

（A）乙炔和氢气　　（B）甲烷和乙炔

（C）甲烷和氢气　　（D）乙烯和氢气

2. 某烃和溴起加成反应时，1mol 烃需消耗 2mol Br_2，这种烃是（　　）。

（A）C_2H_6　　（B）$CH≡CH$

（C）$CH_2═CH_2$　　（D）$CH_3—CH═CH_2$

3. 两分子的乙炔在一定条件下能生成乙烯基乙炔，这个反应属于（　　）。

（A）氧化反应　　（B）加成反应　　（C）取代反应　　（D）聚合反应

4. 某烃 3.5g 与溴完全反应只生成一种物质，此物质是一种二溴取代物，质量是

11.5g，该烃的化学式为（　　）。

（A）C_3H_4　　（B）C_4H_8　　（C）C_5H_{10}　　（D）C_6H_{10}

三、计算题

含杂质10%的碳化钙0.2kg和足量的水发生反应，在标准状况下可得多少立方米的乙炔气体？

第五节　苯及芳香烃

一、填空题

1. 分子中含有＿＿＿＿＿＿的化合物叫芳香烃。芳香烃根据其结构不同分为＿＿＿＿＿、＿＿＿＿＿和＿＿＿＿＿芳环三类。

2. 苯的化学式为＿＿＿＿＿＿，苯的同系物与苯的性质＿＿＿＿＿＿，在苯环上它们都不易起＿＿＿＿＿反应和＿＿＿＿＿反应。

3. 苯的密度为$0.88g/cm^3$。$39m^3$的苯完全燃烧需标准状况下的氧气＿＿＿L。

4. 某烃所含碳原子数为8。氢原子数为10，只含有一个侧链。能与高锰酸钾反应，不与溴水反应，该烃的名称是＿＿＿＿＿，结构式为＿＿＿＿＿＿＿＿。

二、选择题

1. 在苯的硝化反应中，浓硫酸所起的作用是（　　）。

（A）脱水剂　　（B）氧化剂

（C）催化剂　　（D）脱水剂和催化剂

2. 下列物质不能与高锰酸钾酸性溶液和溴水反应的是（　　）。

（A）乙炔　　（B）乙烯　　（C）苯　　（D）甲苯

3. 下列物质中，具有相同的碳、氢质量分数的一组是（　　）。

（A）苯和甲苯　　（B）苯和乙炔

（C）乙烯和乙炔　　（D）乙烯和丙烯

4. 能用溴水鉴别的一组物质是（　　）。

（A）丁烷和环丁烷　　（B）苯和己烯

（C）1-丁炔和2-丁炔　　（D）1-丁烯和1,3-丁二烯

三、判断题（下列叙述正确的在题后括号内画“√”，错误的画“×”）

1. 相对分子质量相同的物质，一定是同一种物质。（　　）

2. 化学式相同，而结构和性质不同的物质，一定是同分异构体。（　　）

3. 在有机物分子中引入磺基的反应叫做磺化反应。（　　）

4. 苯分子是由单、双键交替组成的环状结构。（　　）

5. 苯和氢气在催化剂和一定温度下可发生加成反应。（　　）

6. 分子中含有两个或多个苯环的芳烃叫做多环芳烃。（　　）

第十一章　烃的重要衍生物

第一节　卤　代　烃

一、填空题

1. 烃分子中的__________被其他原子或原子团__________后生成的化合物叫做烃的衍生物。

2. 烃的衍生物具有与相应的烃____同的化学性质。决定某类有机化合物的__________的原子或原子团叫做____________。

3. 卤代烃是分子中的________原子被________原子取代而生成的化合物，官能团是__________。可用“RX”表示卤代烃，其中“R”代表__________，“X”代表__________。

4. 将2-氯丙烷与氢氧化钠溶液混合后加热，化学反应方程式为__________________________，这个反应叫____________反应。将2-氯丙烷与氢氧化钠的乙醇溶液混合后加热，主要的生成物是__________，化学反应式为________________________，这个反应叫做______________反应。

二、选择题

1. 下列基团中，不属于官能团的是（　　）。

(A) $-NO_2$　　(B) AgBr　　(C) —OH　　(D) —C₆H₅（苯基）

2. 对于 $CH_2=C(C_6H_5)-Cl$，下列命名正确的是（　　）。

(A) 苯基氯乙烯　　(B) 2-氯苯乙烯

(C) 氯乙烯苯　　(D) 1-氯-1-苯基乙烯

3. 溴乙烷与氢氧化钾的醇溶液共热生成的主要产物是（　　）。

(A) 乙醇和溴化钾　　(B) 乙烯和溴化钾

(C) 乙烷和溴化钾　　(D) 乙烯和乙醇

4. 用溴乙烷制取1,2-二溴乙烷，下列方案中最合理的是（　　）。

(A) $CH_3CH_2Br \xrightarrow{Br_2} CH_2Br-CH_2Br$

(B) $CH_3CH_2Br \xrightarrow[\text{醇}]{NaOH} CH_2=CH_2 \xrightarrow{Br_2} CH_2Br-CH_2Br$

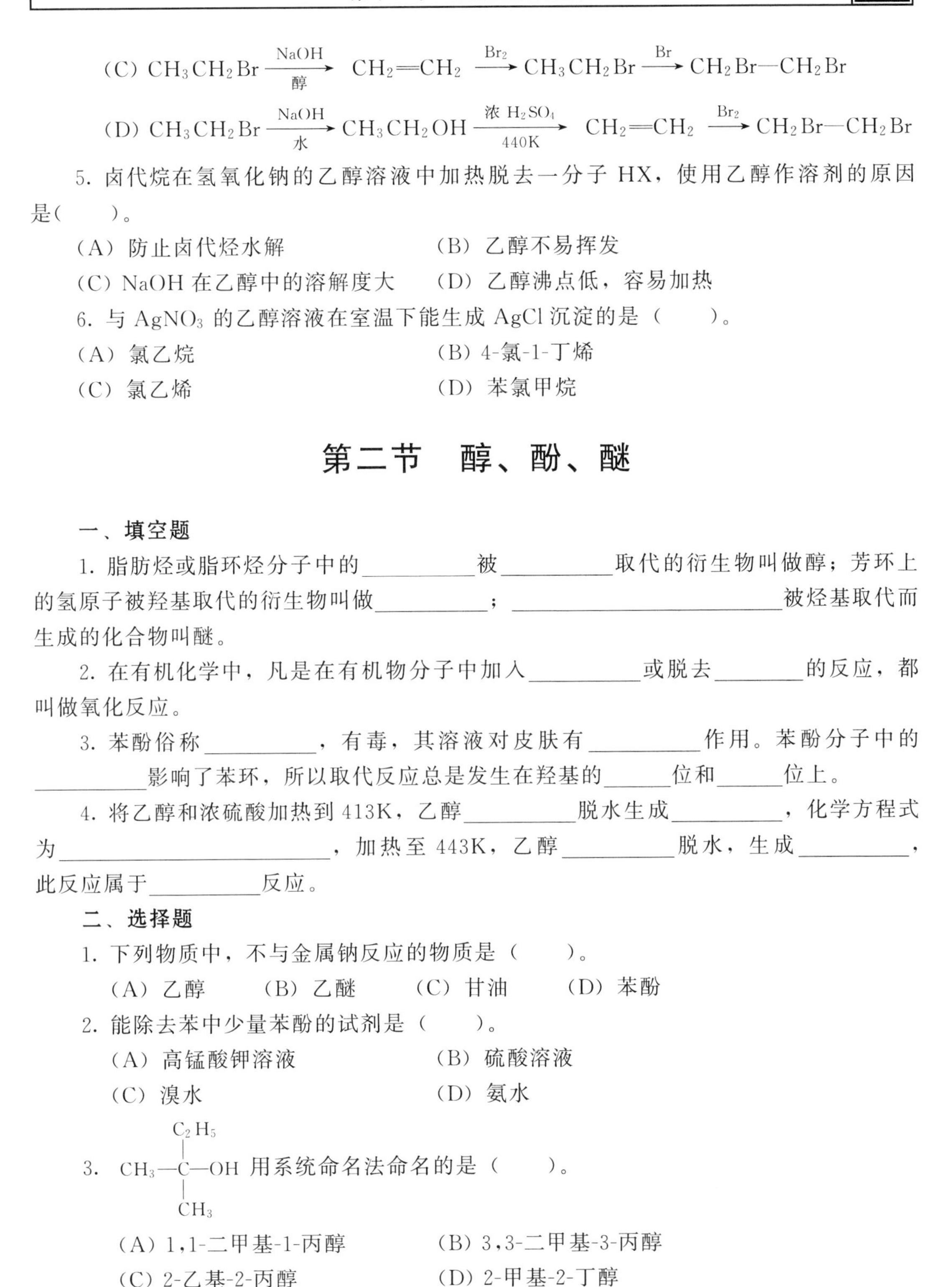

(C) $CH_3CH_2Br \xrightarrow[\text{醇}]{NaOH} CH_2=CH_2 \xrightarrow{Br_2} CH_3CH_2Br \xrightarrow{Br} CH_2Br-CH_2Br$

(D) $CH_3CH_2Br \xrightarrow[\text{水}]{NaOH} CH_3CH_2OH \xrightarrow[440K]{\text{浓 }H_2SO_4} CH_2=CH_2 \xrightarrow{Br_2} CH_2Br-CH_2Br$

5. 卤代烷在氢氧化钠的乙醇溶液中加热脱去一分子 HX，使用乙醇作溶剂的原因是(　　)。

(A) 防止卤代烃水解　　(B) 乙醇不易挥发

(C) NaOH 在乙醇中的溶解度大　　(D) 乙醇沸点低，容易加热

6. 与 $AgNO_3$ 的乙醇溶液在室温下能生成 AgCl 沉淀的是（　　）。

(A) 氯乙烷　　(B) 4-氯-1-丁烯

(C) 氯乙烯　　(D) 苯氯甲烷

第二节　醇、酚、醚

一、填空题

1. 脂肪烃或脂环烃分子中的________被________取代的衍生物叫做醇；芳环上的氢原子被羟基取代的衍生物叫做________；________________被烃基取代而生成的化合物叫醚。

2. 在有机化学中，凡是在有机物分子中加入________或脱去_______的反应，都叫做氧化反应。

3. 苯酚俗称________，有毒，其溶液对皮肤有________作用。苯酚分子中的________影响了苯环，所以取代反应总是发生在羟基的_____位和_____位上。

4. 将乙醇和浓硫酸加热到 413K，乙醇________脱水生成________，化学方程式为________________，加热至 443K，乙醇________脱水，生成________，此反应属于________反应。

二、选择题

1. 下列物质中，不与金属钠反应的物质是（　　）。

(A) 乙醇　　(B) 乙醚　　(C) 甘油　　(D) 苯酚

2. 能除去苯中少量苯酚的试剂是（　　）。

(A) 高锰酸钾溶液　　(B) 硫酸溶液

(C) 溴水　　(D) 氨水

3. $CH_3-\underset{CH_3}{\overset{C_2H_5}{\underset{|}{\overset{|}{C}}}}-OH$ 用系统命名法命名的是（　　）。

(A) 1,1-二甲基-1-丙醇　　(B) 3,3-二甲基-3-丙醇

(C) 2-乙基-2-丙醇　　(D) 2-甲基-2-丁醇

4. 在澄清的苯酚钠溶液中通入 CO_2 气体，出现浑浊的原因是（　　）。

(A) 有苯酚析出　　(B) 有难溶性盐生成

(C) 有苯析出　　(D) 有苯酚钠晶体析出

5. 把甲醇和乙醇的混合溶液加入适量的硫酸，加热，所生成的醚的种类有（　　）。

（A）一种　（B）二种　（C）三种　（D）四种

6. 可用一种试剂把苯酚、乙醇、黄血盐、硫氰化钾、氢氧化钠五种溶液一一鉴别出来，这种试剂是（　　）。

（A）浓溴水　（B）酚酞试液　（C）新制 $Cu(OH)_2$ 悬浊液　（D）$FeCl_3$ 溶液

三、鉴别题

1. 现有五种溶液，分别为 Na_2CO_3、NaOH、Na_2S、$AgNO_3$ 和苯酚。如何只用一种试剂将其进行鉴别，写出有关反应式。

2. 1mol 有机化合物 A 完全燃烧生成 2mol CO_2，与金属钠能反应生成氢气和碱性物质 B，A 又可以和氢溴酸反应生成 C；A 和浓硫酸共热时，在不同温度下可得无色、难溶于水的液体 D 和能点燃的气体 E。试判断 A、B、C、D、E 各为什么物质，并写出各反应的化学方程式。

第三节　醛　和　酮

一、填空题

1. 醛和酮的分子结构中都含有官能团________，总称为__________化合物。羰基中的碳原子与一个________和一个________或两个________相连的化合物叫做醛。羰基与两个________相连的化合物叫做酮。

2. 醛类的通式为____________，官能团是____________，叫做__________。醛类都

能被还原成________，被氧化成________，与银氨溶液能起__________反应。

3. 丙酮没有还原性，与银氨溶液不能发生__________反应，但能发生羰基的__________反应，如在催化剂存在下与氢气的反应式为________________________。

二、选择题

1. 下列物质中既有氧化性又有还原性的是（　　）。

（A）乙醇　（B）乙醚　（C）乙醛　（D）溴乙烷

2. 甲醛和乙醛都能与银氨溶液反应，这是因为（　　）。

（A）分子里都含有氢原子　（B）分子里都含有羟基

（C）分子里都含有醛基　（D）分子里都含有氧原子

3. 下列各组物质互为同分异构体的是（　　）。

（A）丙醇和丙醛　（B）丙醛和丙酮

（C）丙醇和丙酮　（D）丙醛和丙烷

4. 能与水混溶的物质是（　　）。

（A）丙醛　（B）丙烷　（C）丙醚　（D）丙酮

5. 下列有机物能被新制的氢氧化铜氧化的是（　　）。

（A）丙醛　（B）丙醇　（C）丙酮　（D）丙烯

6. 洗涤做过银镜反应的试管应用（　　）。

（A）30%的氨　（B）醛溶液

（C）稀硝酸并微热　（D）烧碱溶液

三、计算题

某有机物的组成是含碳62.1%、氢10.3%、氧27.6%，它的蒸气密度是氢气的29倍，并能与银氨溶液发生银镜反应，写出该有机物的化学式、结构式和名称。

第四节　羧　酸

一、填空题

1. 凡分子中含有__________的化合物叫做羧酸。除甲酸外，羧酸都可看成是烃分子中的__________原子被__________取代而生成的化合物。

2. 甲酸分子内既有______基，又有______基，因此它兼有__________的性质和

__________的性质。

3. 乙二酸俗称__________，结构式为__________________，它的酸性比醋酸______。乙二酸除了具有羧酸的一般性质外，还具有__________性。

二、选择题

1. 既有酸性、氧化性，又有还原性的物质是（　　）。

（A）盐酸　　（B）硫酸　　（C）甲酸　　（D）乙酸

2. 甲醇与等摩尔的氧在一定条件下恰好完全反应，其反应的最终产物应该是（　　）。

（A）甲醛和水　　（B）甲酸和水　　（C）甲烷和水　　（D）CO_2 和水

3. 下列有机物中，含有四种官能团的是（　　）。

（A）甲醛　　（B）乙醛　　（C）甲酸　　（D）乙酸

4. 能说明醋酸是弱酸的事实是（　　）。

（A）醋酸能和氢氧化钠反应

（B）醋酸不能和硫酸钠反应

（C）醋酸钠水溶液的 pH 值小于 7

（D）常温下 0.1mol/L 的醋酸电离度为 1.32%

三、用化学方法鉴别下列各组物质，写出有关现象及化学方程式

1. 乙酸和甲酸

2. 乙醇、乙醛、乙酸

第十二章　糖类和蛋白质

一、填空题

1. 糖类根据其能否水解以及水解产物的多少，可以分为______糖、______糖和______糖。

2. 葡萄糖的结构简式为________，它属于______糖类，从结构上看，它是一种__________。

3. 蛋白质水解的最终产物是__________。

4. 氨基酸是一类既含有______又含有________的有机化合物。

5. 淀粉遇碘水变______色，蛋白质遇浓硝酸变______色。

二、选择题

1. 下列物质中，不属于天然有机高分子化合物的是（　　）。

   (A) 纤维素　　(B) 蛋白质　　(C) 淀粉　　(D) 麦芽糖

2. 下列各组物质中互为同分异构体的是（　　）。

   (A) 葡萄糖和蔗糖　　(B) 蔗糖和麦芽糖

   (C) 淀粉和纤维素　　(D) 果糖和纤维素

3. 欲将蛋白质从水中析出而又不改变它的性质，应加入（　　）。

   (A) 甲醛溶液　　(B) 浓硫酸

   (C) 饱和 Na_2SO_4 溶液　　(D) $CuSO_4$ 溶液

4. 下列过程中，不可逆的是（　　）。

   (A) 蛋白质的盐析　　(B) 蛋白质的变性

   (C) 酯的水解　　(D) 氯化铁的水解

5. 下列物质中，水解产物中含有果糖的是（　　）。

   (A) 蔗糖　　(B) 蛋白质　　(C) 淀粉　　(D) 纤维素

三、鉴别题

在三支试管中分别盛有蛋白质、淀粉和肥皂水的溶液，怎样鉴别它们？

四、计算题

葡萄糖的相对分子质量是180，其中含碳40%，含氢6.7%，其余是氧。求葡萄糖的化学式。

部分参考答案

第一章　基础化学中常见的量及单位

第二节　物质的量

一、选择题

1. C　2. CD　3. D　4. C　5. B　6. BC　7. C

二、判断题

1. ×　2. ×　3. ×　4. ×　5. √

四、计算题

1. 9克　2. 0.6摩尔；73.5克

第三节　气体摩尔体积

二、选择题

1. D　2. BC　3. C　4. B　5. D　6. B

三、判断题

1. ×　2. √　3. ×　4. ×　5. ×

四、计算题

1. 0.0374　2. 3.36升　3. 1.47　4. 7.17升

第二章　化学反应速率和化学平衡

第一节　化学反应速率

二、选择题

1. D　2. BC　3. D

三、判断题

1. ×　2. ×　3. √　4. ×

四、计算题

1. -3.3×10^{-4}；-6.7×10^{-4}；$+6.7\times10^{-4}$　2. 1.5×10^{-3}；3.0×10^{-3}

第二节　化学平衡

二、选择题

1. B　2. C　3. D　4. BD　5. D　6. D　7. D　8. B　9. BD　10. C

三、判断题

1. √ 2. √ 3. × 4. × 5. √ 6. × 7. × 8. √

四、计算题

1. 0.0625；1.5；3.5 2. 0.15；0.55；0.25；0.25 3. 70% 4. 0.4286；0.5714；0.762

第三章 溶液

第一节 溶液和胶体

二、选择题

1. C 2. D 3. D 4. B

三、判断题

1. √ 2. × 3. √ 4. √

第二节 溶液的浓度

二、选择题

1. B 2. C 3. A 4. D 5. C

三、判断题

1. × 2. × 3. √ 4. × 5. √

四、计算题

1. 1.0 2. 0.1 3. 0.2567；8.1 4. (1) 833；(2) 0.8875；(3) 3.65；(4) 1.5

第三节 一般溶液的配制

二、选择题

1. C 2. AB

第四节 电解质溶液

二、选择题

1. D 2. CD 3. D 4. D

三、判断题

1. × 2. × 3. √ 4. √ 5. √

四、计算题

1. 1.32% 2. 1.8×10^{-5} 3. 4.5×10^{-2}；9×10^{-4}

第五节 离子反应方程式

二、选择题

1. B 2. A 3. D

第六节 水的电离和溶液的pH值

二、选择题

1. D 2. A 3. A 4. B 5. C 6. C

三、判断题

1. √ 2. × 3. × 4. × 5. √

四、计算题

1. 11.7 2. 13 3. 3

第七节 盐类的水解

二、选择题

1. D 2. A 3. CD 4. C

三、判断题

1. × 2. √ 3. × 4. ×

第八节 缓冲溶液

二、选择题

1. CD 2. A

三、判断题

1. √ 2. √

四、计算题

44.75

第四章 沉淀反应

第一节 沉淀-溶解平衡和溶度积常数

二、判断题

1. √ 2. × 3. √

三、选择题

1. B 2. D

四、计算题

1. 7.14×10^{-5} 2. 1.35×10^{-8}

第二节 溶度积规则

二、判断题

1. × 2. √ 3. ×

三、计算题

1. 无沉淀 2. 有沉淀

第三节 溶度积的应用

二、判断题

1. √ 2. ×

三、计算题

1. CrO_4^{2-} 先沉淀 2. 2.11～3.68

第五章 氧化还原反应

第一节 氧化还原反应概述

二、选择题

1. B 2. DC 3. D 4. C 5. A

三、判断题

1. × 2. √ 3. × 4. √ 5. × 6. √

四、计算题

(2) 21升

第二节 氧化还原反应方程式的配平

二、选择题

1. C 2. D 3. B

第三节 原电池

二、选择题

1. B 2. D 3. B 4. B

三、判断题

1.√ 2.√ 3.×

四、计算题

1.12L

第四节 电极电位

二、选择题

1. A 2. A 3. B

三、判断题

1.√ 2.√ 3.× 4.√

四、计算题

2. 0.4156V 3. 0.447V

第五节 电解

二、选择题

1. A 2. B 3. D 4. D

三、判断题

1.√ 2.√ 3.× 4.√

四、计算题

0.56L

第六章 物质结构与元素周期律

第一节 原子结构

二、选择题

1. B 2. B 3. C 4. D 5. C

三、判断题

1.√ 2.× 3.√ 4.× 5.√

四、计算题

1. 24.3 2. 1.113×10^{25}

第二节 原子核外电子的排布

二、选择题

1. D 2. B 3. C 4. D 5. B

三、判断题

1.× 2.× 3.√

四、计算题

12 镁

第三节 元素周期律与元素周期表

二、选择题

1. C 2. AB 3. B 4. A 5. AD 6. D 7. B 8. C

三、判断题

1.× 2.√ 3.× 4.× 5.× 6.√ 7.× 8.× 9.√ 10.×

四、计算题

1. 62.2% 2. 39

第四节 分子结构

二、选择题

1. C 2. AC 3. C 4. C；ABE；A 5. A 6. D 7. D 8. B 9. B 10. C

三、判断题

1.× 2.× 3.√ 4.× 5.× 6.× 7.× 8.√ 9.√ 10.√

四、计算题

1. 14，N 2. X——H Y——N Z——O HNO_3 NH_4OH 3. 甲——H 乙——C 丙——Cl 丁——Ca

第七章 重要的非金属元素及其化合物

第一节 卤素

二、选择题

1. A 2. C 3. C 4. B 5. D

三、判断题

1.× 2.× 3.√ 4.× 5.× 6.× 7.√ 8.√

四、问答计算题

3. 39.5 4. 2.423

第二节 氧族元素

二、选择题

1. A 2. A 3. B 4. C 5. D 6. A 7. A 8. B 9. D 10. C

三、判断题

1.√ 2.× 3.× 4.√ 5.× 6.× 7.×

四、问答计算题

2. 3.4 3. 100 4. 22；5.6

第三节 氮族元素

二、选择题

1. B 2. B 3. B 4. A 5. B 6. C 7. D 8. A 9. CD 10. B

三、判断题

1. × 2. √ 3. × 4. × 5. √ 6. √ 7. × 8. × 9. × 10. ×

四、问答计算题

2. 2.24 4. 95毫升 5. 2.24升；0.2mol/L 6. $(NH_4)_3PO_4$

第四节 碳族元素

二、选择题

1. D 2. D 3. B 4. B 5. C 6. A 7. B

三、判断题

1. × 2. √ 3. √ 4. × 5. ×

四、问答与计算题

1. 42克；67.2升 2. 90%；75毫升

第八章 重要的金属元素及其化合物

第一节 碱金属元素

二、选择题

1. A 2. D 3. C 4. C 5. B

三、判断题

1. × 2. √ 3. √ 4. √ 5. √

四、计算题

1. 20克 2. 32.79% 3. 44%

第二节 碱土金属元素

二、选择题

1. C 2. A 3. A 4. B

三、判断题

1. × 2. × 3. ×

第三节 铝、铁、铜及其化合物

二、选择题

1. B 2. D 3. A 4. B

四、计算题

1. 54.35毫升 2. 1347克

第四节 其他常见金属及其化合物

三、计算题

0.2173

第九章 配 合 物

二、选择题

1. B 2. D

第十章　烃

第一节　有机化学简介

二、选择题

1. B　2. B

第二节　烷烃

五、计算题

C_5H_{12}

第三节　烯烃

二、选择题

1. D　2. C　3. B　4. D　5. B　6. A

四、计算题

C_2H_4

第四节　炔烃

二、选择题

1. A　2. B　3. D　4. C

三、计算题

0.063 立方米

第五节　苯及芳香烃

二、选择题

1. C　2. C　3. B　4. B

三、判断题

1. ×　2. √　3. √　4. ×　5. √　6. ×

第十一章　烃的重要衍生物

第一节　卤代烃

二、选择题

1. B　2. D　3. B　4. B　5. A　6. D

第二节　醇、酚、醚

二、选择题

1. B　2. C　3. D　4. A　5. B　6. D

第三节　醛和酮

二、选择题

1. C　2. C　3. B　4. D　5. A　6. C

第四节　羧酸

二、选择题

1. C　2. B　3. D　4. D

第十二章 糖类和蛋白质

二、选择题

1. D 2. B 3. C 4. B 5. A